葡萄酒的一切

Everything About Wine

宇宙與你只有一杯酒的距離，
從必備知識到餐酒搭配，完全解析葡萄酒的風味祕

陳上智——著

葡萄酒的一切

宇宙與你只有一杯酒的距離，
從必備知識到餐酒搭配，完全解析葡萄酒的風味祕密

作　　者　陳上智
總 編 輯　曹　慧
主　　編　曹　慧
美術設計　比比司設計工作室
行銷企畫　林芳如
出　　版　奇光出版／遠足文化事業股份有限公司
　　　　　E-mail：lumieres@bookrep.com.tw
　　　　　粉絲團：https://www.facebook.com/lumierespublishing
發　　行　遠足文化事業股份有限公司（讀書共和國出版集團）
　　　　　http://www.bookrep.com.tw
　　　　　23141新北市新店區民權路108-4號8樓
　　　　　電話：（02）22181417
　　　　　郵撥帳號：19504465　戶名：遠足文化事業股份有限公司
法律顧問　華洋法律事務所 蘇文生律師
印　　製　呈靖彩藝股份有限公司
初版一刷　2024年9月
定　　價　520元
I S B N　978-626-7221-68-6　書號：1LBT0058
　　　　　978-626-7221-70-9（EPUB）
　　　　　978-626-7221-71-6（PDF）

國家圖書館出版品預行編目（CIP）資料

葡萄酒的一切：宇宙與你只有一杯酒的距離，從必備知識到餐酒搭配，完全解析葡萄酒的風味祕密 = Everything about wine/陳上智著. -- 初版. -- 新北市：奇光出版, 遠足文化事業股份有限公司, 2024.09
　面；　公分
ISBN 978-626-7221-68-6（平裝）

1.CST: 葡萄酒

463.814　　113010672

線上讀者回函

Contents

Everything About Wine

Contents

【自序】
葡萄酒的儀式感

葡萄酒對位處亞熱帶的我們總感覺有些疏離，別說瓶身上各種外文看不懂，還會有人「好心」告訴你葡萄酒每一瓶每一口滋味都不同。這樣的「距離感」讓你自己嚇自己，人家一杯在手優雅從容，你拿起一杯酒好像第一次捧著自己的小孩。但為什麼你就不會這樣對待台灣啤酒與金門高粱呢？如果有人問你台灣啤酒怎麼喝，你會怎麼回答？

「就喝啊！」

是啊，就喝啊！如果你去問法義西三個產酒大國的人葡萄酒怎麼喝，他們也會說「就喝啊！」 所以享受葡萄酒，就要先丟掉你的「腦補」！知識固然重要，但「喝」更重要。葡萄酒畢竟就是有酒精的「飲料」，而「飲料」就是拿來喝的。

破除「喝」的障礙以後，我們再來談一下葡萄酒「做作」的印象。葡萄酒的杯子很特別，特別到你怕拿起杯子就被別人笑；喝葡萄酒還要準備很多「工具」，光開瓶就能讓你無所適從；別人酒喝到嘴裡還要咂嘴像念咒，你喝到嘴裡會想說這些人在玩食物嗎？

我可以繼續列舉，但聰明的你現在不需要。這些「流程」或「動作」，你不妨視為某種「儀式」。人類對於儀式總有股莫名的安全感，葡萄酒的飲用「儀式」也是如此。但不同於宗教儀式，葡萄酒的儀式是有「具體意義」的，「動作」是為了達成特別的「目的」，連續的動作就成為「看似莫名」的儀式。儀式在不明白的人眼中詭祕難解。但若你知道這些動作背後的真相，你就會覺得儀式帶來的「安全感」再合理不過了。

葡萄酒的儀式是長時間經驗歸結的法則，去蕪存菁，用最簡潔的方式讓你得到最多品酒的樂趣，也讓你有「安全感」：我看到該看到的顏色了、聞到書裡說的香氣了、喝到特定的味道了。於是你真的可以放鬆地馳騁思緒與酒杯之間，打開靈魂的另一個時空。現代或本書所說葡萄酒的「儀式感」，或應該說是「良好的處理方式」，會將你與葡萄酒及天地人的紐帶串起。酒汁風味與你的「人」與「心」有確實的勾連，帶出你情感的表達，獲得獨一的享受。熟練的葡萄酒儀式讓你可以更加專注於當下，漂亮的動作絕不是表面的「裝」而已。

在法國作家聖修伯里的《小王子》一書中，小王子和狐狸的交流道出了儀式感的真諦：「儀式是什麼？」小王子問道。狐狸說：「它就是使某一天與其他日子不同，使某一時刻與其他時刻不同。」也正是儀式的引動，賦予了人們對酒的各種情感。而葡萄酒的儀式並不需要什麼專業，與貧富貴賤也無關，人人都可以有所體驗，親炙這個神奇的世界。無論你是與摯愛的人同享，還是獨自一人品飲，葡萄酒都會對你輕語吟唱。愛酒如同愛人，你想為你的愛人做的事不也是一種儀式？而愛葡萄酒比愛人更好的地方就是，它是上帝的賜福，它不辜負你。

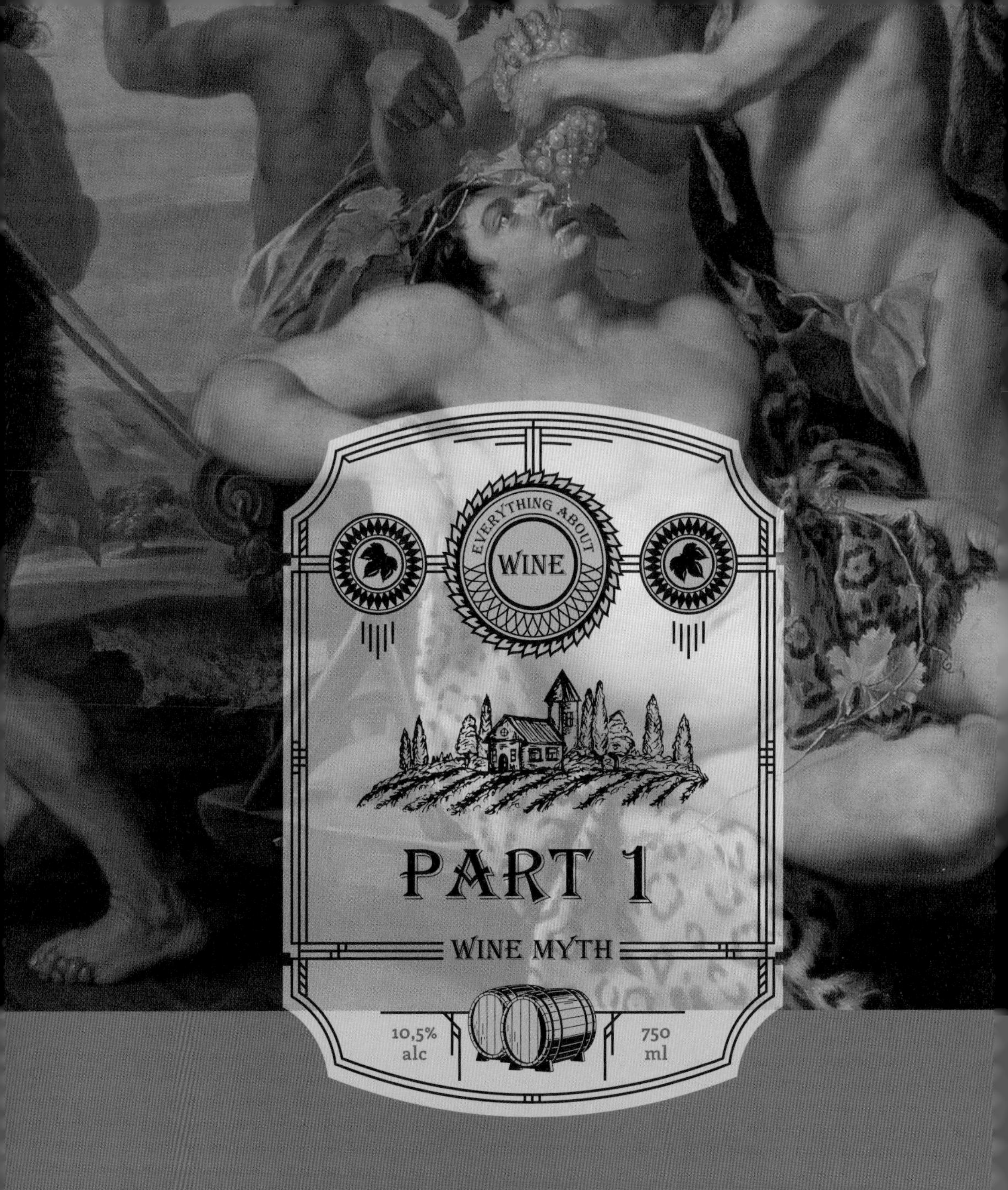

葡萄酒的迷思

許多人對葡萄酒都有幾個「誤解」，比如價格高的葡萄酒一定更好喝、葡萄酒釀造一定會用橡木桶。雖然這些觀念並不會直接影響每個人對酒的風味感受，但正確的知識，絕對會讓你的品飲技巧更提升。「迷思Myth」這個字非常傳神，關於葡萄酒的很多事是我們腦補出來的，常常讓我們不小心落入一個看似合理、但並非事實的觀念中，就像神話故事，雖然引人入勝，但終究不是事實。學習葡萄酒與學習其他知識和技能一樣，掌握事實能讓你更有底氣，更能自信地享受葡萄酒。

1-1

「老藤」就是品質保證嗎？

在討論老藤（Old Vine）之前，先來認識這個關鍵詞「Vielles Vignes」或者V.V.，這是法語的老藤之意。這個詞在過去20年的葡萄酒世界像是咒語般影響了太多人，消費者認為老藤就是品質代名詞，廠商也樂得使用這個詞在酒標上來標榜自家產品，但事實是什麼？

既然談到「老」，總得有個定義告訴大家幾歲叫做老。很不幸的，除了澳洲巴羅薩谷（Barossa Valley）產區對老藤的藤齡有明確定義外，其他產區和國家都付之闕如。那麼我們不妨來看看澳洲巴羅薩谷產區官方的定義做為初步概念：

1. 巴羅薩老藤（Barossa Old Vine）：35年以上的藤齡。
2. 巴羅薩倖存藤（Barossa Souvivor Vine）：70年以上的藤齡。
3. 巴羅薩百年藤（Barossa Centenarian Vine）：100年以上的藤齡。
4. 巴羅薩先祖藤（Barossa Ancestor Vine）：125年以上的藤齡。

葡萄藤的壽命其實可以很長，根據非正式的紀錄，可以活到四百年以上，

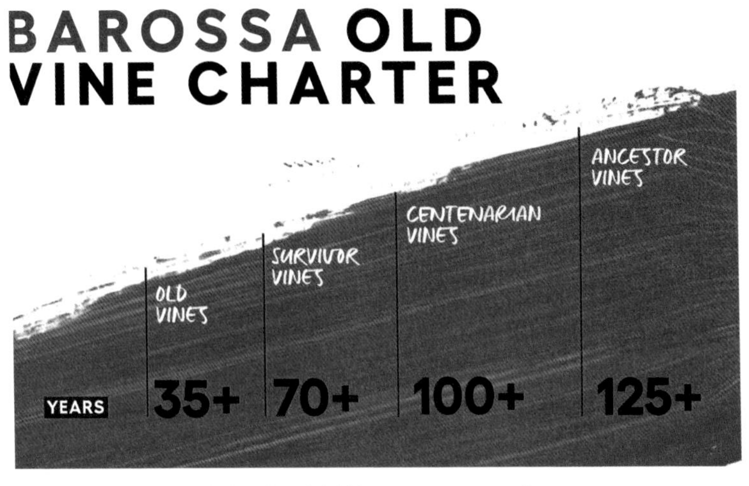

↑ 巴羅薩產區官方的老藤定義表。（資料來源：Wine Australia）

如果老藤果實就像老欉文旦一樣，那是不是就讓它一直活著就好了？這答案是也不是，首先，商業葡萄園要考慮品質，也要考慮產量，年紀大的果樹活力降低，果子會變小變少，味道可能比年輕更好，但產量趕不上需求就會是農人的大麻煩。其次，果樹年紀大就需要更細心的照料，這也關乎到成本，大型葡萄園很難把心力用在某些特別需要照顧的葡萄藤上。

葡萄藤隨著生長時間的延長，根系的發展也會越大，釀酒學裡也有一種說法：根系發展可以決定八成以上的葡萄酒品質。先不論其中的科研論證，但根系發展越廣大完整，生命力通常更旺盛，其能忍受自然災害的能力也越強（比如抵抗乾旱的能力），能從土壤獲得的各種養分也越多。但老藤的根系不是無限發展，一般而言大約深入地下三至五公尺就差不多了，之後農人就是要保持葡萄藤的健康。

葡萄藤要活得久當然也和環境條件有關，簡單來說，越是潮溼，壽命就越短；乾燥的產區葡萄反而活得更長。釀酒葡萄其實不需要太多水分，給多了會

↑乾旱的地塊，葡萄藤比較容易維持健康。（圖片提供：莎祿股份有限公司）

造成綠色部分「瘋長」、果實風味被「稀釋」、還容易因為潮溼造成黴病或真菌類疾病。法國波爾多、香檳區與勃艮地的都比較潮溼，這裡的葡萄酒雖然也偶有標示Vielles Vignes，但因為沒有法規限制，藤齡有個四五十歲就很了不起。而炎熱乾燥的產區，比如南法、西班牙、或是澳洲巴羅薩谷產區，中高價位的酒就算不標示老藤，往往也是一甲子以上的樹果。

那老藤葡萄酒一定比較好喝嗎？多半的情況老藤葡萄酒的風味比較深沉，滋味較綿長。這其實很難說清楚，而且年輕的葡萄藤一樣可以釀出好酒來，比如1976年巴黎評選的紅葡萄酒第一名Stag's Leap Wine Cellars Cabernet Sauvignon就只有「兩歲」的藤齡。但的確有些品種在老藤階段的風味是勝於年輕階段的，格納希品種（Grenache）就是傑出的例子；我個人非常偏好老藤的格納希，那是一種經過歲月滌清才會明白的穩重。

老藤最令人詬病的還是一開始說的定義問題。藤齡的長短關乎土壤、砧木、品種、氣候、產區等，再加上商業考量，無法明確定義。所以如果你要買瓶「老藤」葡萄酒，記得先問清楚，別看到這兩字就暈船了。

↑ 葡萄藤要活得久當然也和環境條件有關。越是潮溼，葡萄藤的壽命就越短，乾燥產區的葡萄反而活得更長。（圖片提供：莎祿股份有限公司）

1-2

木頭味桶味，傻傻分不清

我不只一次遇過認為紅酒釀造一定有用橡木桶的人，更多的是覺得要有撲鼻強烈木質香氣的酒才是好酒的人。12世紀後波爾多葡萄酒貿易的運輸需求帶動了以橡木桶裝葡萄酒的慣例，但人類真的了解並運用橡木桶增益葡萄酒風味則是更晚近的事了，愛酒人士口中的「法國桶」風潮更是在一次世界大戰以後才成形。

橡木在人類歷史中占有一席之地，橡木比起其他木材更有彈性，也更便於加工，而且有優越的防水功能，所以是建造船艦的好材料。二千多年前高盧（即今法國）的凱爾特人就已經製作橡木桶（因為當地橡木林很多），而且不只橡木，金合歡木也是製作木桶的材料。那時的木桶就是儲存的容器，內容物也不一定是酒（包括火藥、肉、魚、油漆、蜂蜜、釘子和牛油等）。羅馬帝國的葡萄酒釀造與儲存容器主流還是陶罐（羅馬浴場可見陶罐遺跡），不過陶罐雖然防水功能好，但很脆弱容易打破，木桶就沒這個問題，材料也好找。

人類在葡萄酒商品化的初期，沒有什麼保存的技術與知識，所以酒都是趁

沒壞以前喝新鮮的；主流酒款中甜酒的地位最高，再來是白酒。既然不陳年，或是不知道橡木桶陳年的味道，也就不會想喝橡木桶裡的酒，再加上現代橡木桶的製作有個調整味道的階段，未經調整味道，酒放進去也不會增進風味，人類因而小看了橡木桶很長一段時間。

現代橡木桶的製作分成兩大階段：一是橡木條的風乾（air-seasoning）過程，一是製作時的加工步驟。砍下的橡木會先切成木條，然後依照要求疊放起來，木條之間要有空隙，有點像是UNO疊疊樂。這段在戶外的時間一般至少兩年，在戶外經歷風吹日曬雨淋，木條裡味道不好的物質就會沖刷出來，木條在這段時間還會有一些真菌生長，改變其中的化學物質，所以叫做air-seasoning——在空氣中木條的味道改變了。經過「調味」的木條才會進入製作，先是再度裁切與初步成形，再來是烘烤，烘烤會讓木條易於彎曲，同時烘烤的過程就會有所謂的烘烤／煙燻（toast/smoke）味道產生，橡木裡的脂溶性化合物也會被逼出來同時改變了香氣。烤過的木條最終拼接成橡木桶，賦予你葡萄酒熟悉的味道。

↑ 橡木條的戶外風乾（air-seasoning）過程。

左上｜橡木桶製程一：第一次組桶。左中｜橡木桶製程二：製作桶蓋。左下｜橡木桶製程三：烤桶。
右上｜橡木桶製程四：全桶成型。右中｜橡木桶製程五：側邊開孔。右下｜橡木桶製程六：打磨整理。

基於原料與製程，所謂的「桶味」至少包含三個面向：原料的「木頭味」、烘烤過程產生的「燒烤味」、橡木本身的脂質（包括但不限於lipid和ester）經過加熱而釋放的「奶油味」、「香草味」。所以木頭味等於桶味可能是對的，但桶味等於木頭味就一定是錯的。因為酒裡有木頭味而說這支酒進過新桶是證據不足的，對我而言，盲測時說一支酒「進新桶」，那上述的三種味道至少要在酒中可找到兩種才算數。因為木頭味也可能是某種原料風味、燒烤味也可能是礦物風味、奶油與香草味（香草味vanilla就來自橡木中的香蘭素vanillin），也可能是釀造或陳年風味的誤解。

說到橡木桶，可能用一本書都解釋不完。但喝酒的人至少可以了解原料與製程，不要高估或是低估了橡木桶的影響，不要被一些行銷文字唬弄了。再怎麼說橡木桶都只是一個工具一種手段，體會葡萄酒不應該更是葡萄與天地的風味嗎？

左 | 做好的橡木桶。 右 | 製桶廠也會自行實驗測試最終風味。

1-3

到底醒了沒？

睡美人再怎麼美，還是要叫起床才行。真空管音響的音色柔美，但開機後也要靜待一陣子讓它「暖身」。葡萄酒也要「叫醒」它，讓它「暖身」，才能享受美好的體驗，這就是「醒酒」。

教個簡單的方法：酒倒進酒杯，如果你聞不太到香氣，酒大概就「還沒醒」，得再多等些時間；一旦聞起來有香氣，或是香氣十足，大概就是「醒了」。

最常見的疑問就是：紅酒都要醒嗎？事實是連白酒與氣泡酒都要醒！簡單來說，只要酒在杯中的香氣會變化，那就是需要醒酒，接著才會談到使用什麼「方式」醒酒。

怎樣叫做「酒醒了」？

如果一瓶酒開瓶就聞得到不少的香氣（通常這種酒不貴），這瓶酒就倒進杯裡開喝吧！酒杯肚子寬，加上搖晃的動作，邊喝邊「搖醒」它，你可以每隔

↑ 餐會中紅酒預先倒入杯中以醒酒，是常見的處理手法。（攝影：Rachel Claire）

五到十分鐘喝一口，享受酒體變化的樂趣。如果酒一開始喝起來酸澀緊實或是聞不到什麼香氣，就可以用醒酒瓶。如果實在不知這酒到底算是哪一種，不妨一半倒入醒酒器等一下喝，另一半直接供應。可以一次喝兩種口感，不但令人耳目一新，還是個不錯的餐桌小遊戲。

那是什麼要被喚醒呢？有些葡萄酒特別是紅酒，剛開瓶時入口酸澀的像是一大把黏土，香氣微弱甚至聞不到，這樣的酒就要醒酒。緊澀的口感主要來自葡萄酒裡的單寧，單寧賦予酒質結構感。當酒汁接觸到空氣，酒內的許多成分會因此而有所變化，於是有更多的味道顯現出來，有更多的香氣飄散出來，一開始只有單寧的澀重感與新展現的各種味道互相作用，口感就會轉化得柔和，有層次感，有更多不同的香氣與味道，這是「醒酒」主要的定義與目的。以此定義而言，你可以了解為何大家都認為只有紅酒需要醒酒，白酒及氣泡酒不需要醒酒，但在現實的情況中，你應當更信任自己的「感官」去判斷。

那如果聞起來香香喝起來悶悶怎麼辦，就讓酒待在杯子裡再飛一會。每個人對酒是否「醒了」，看法大不同，重要的是你喝了要開心，享受才是重點！不管多少錢的酒，多給酒一點時間，細心的感覺它，它一定會讓你驚奇的。

醒酒讓酒裡的其他物質開始被「喚醒」，所以其實每瓶酒都需要醒酒！倒入杯中的酒給它一點時間，香氣會因此濃郁起來，口感也順了起來，剛開瓶的幽晦慢慢如同晨光亮起！就算是即開即飲的白酒和氣泡酒，在杯中也會有一些層次和香氣的變化，它們絕大多數的時候不需使用醒酒器（但若有人說某些白酒或香檳需用醒酒瓶，這並非不可能），在杯中靜置或搖晃，都是醒酒儀式的一部分。

講到儀式，看侍酒師以優美的姿勢將酒汁如同紡絲一樣倒入醒酒瓶，香氣迸發，那種視覺與嗅覺的互生靈動，何嘗不是醒酒的另一目的！因為醒酒不只醒了酒，同時也是醒了人，你要等待，你要反覆的確認狀態，你要多次的嗅聞甚至輕啜，直到神聖的那一刻到來。

醒酒aerate與換瓶decant

這兩個名詞常常一起用，甚至在中英文不分的情況下常被誤用，但實際上的意義不完全相同：如果有人說這瓶酒要decant，這人通常指的是這瓶酒要醒酒，可是decant這個字的本義是「換瓶」，在此作個小小的字詞辨正。

醒酒aerate是因為酒體需要接觸空氣，換瓶decant則是為了把酒中沉澱的雜質隔除。十年以上的紅白酒（只是個大概的時間，仍要看實際情況）通常需要的是換瓶而不是醒酒，因為年紀愈大，酒渣愈多，不可預期的狀況也愈多，用了底面太寬大的醒酒瓶很容易醒過頭。五到十年的酒還算年輕，需要的多半是「醒酒」，接觸空氣把酒的本質展開。

↑ 寬肚的醒酒瓶讓酒汁快速接觸空氣。（攝影：RDNE Stock project）

醒酒和換瓶都會使用醒酒器decanter，依目的不同，醒酒器的長相也不同，底部寬的以「醒酒aerate」為目的，直長型的醒酒器則是以除渣decant為主要使用目的。不過使用醒酒瓶就一定會讓酒接觸到空氣（醒酒aerate），醒酒瓶的構造也會讓酒渣比較不會倒入杯中（隔除雜質），使用同樣的器材做一樣的動作，無怪乎醒酒與換瓶常常被混用。

醒酒四大招

知道醒酒的原理，你其實可以自己發明些招式來醒酒，有人（而且是釀酒師）的醒酒方法是把酒瓶用力搖！你大可不需如此驚世駭俗，以下有幾個方式：

1. **開瓶靜置**：這招最簡單，打開瓶後放著不動它，過一陣子（大約半小時）再來喝。窄長酒瓶使空氣與酒的接觸不致過於激烈，適合比較嬌貴的紅酒，像是有點貴的勃艮地紅酒（Bourgogne Rouge）或進桶的白葡萄酒，使用這種方式比較「保險」，不過也因為酒瓶窄長，空氣接觸有限，可能你放了半小時一小時都沒有什麼變化，須視情況決定是否使用這種方式。
2. **使用醒酒瓶或醒酒器**：醒酒瓶百百種，通常長得很漂亮，貴起來也可以很貴。第一次買的話，買個底部寬的，選個容量1250cc以上的，形狀挑自己喜歡的。有些醒酒瓶會附漏斗（先把酒倒入醒酒瓶，再把酒用漏斗倒回原來的酒瓶，這叫雙重醒酒〔double decant〕）、濾網（將酒隔著濾網倒入醒酒瓶，先做一次除渣）。這種小器材小設計多多益善。市售另有一種小型的行動醒酒器，酒液通過行動醒酒器直接流入

左｜通常醒酒器應手持底部服務侍酒。（攝影：Cottonbro Studio）

杯中，當酒液通過行動醒酒器時，特殊設計會將空氣導入酒中，獲得醒酒的效果。東西不大，挺方便的。

3. **杯中醒酒**：所有的酒一體通用（除非你酒瓶對嘴灌）。邊喝邊晃，你可以每隔15分鐘喝一口，也可以每隔15秒喝一口，是最直觀的醒酒方式。壞處是：如果你沒有足夠的時間可以和王子親過也不肯醒過來的睡美人酒周旋，這種方式就顯得緊張局促（一直搖一直喝？真的不好看啦）。
4. **使用寬口的其他容器**：一般的寬口冷水壺，甚至是大碗公或鍋子和臉盆（除了觀感問題，同時也沒辦法欣賞酒色），原理都相同，使用這種方式要小心的是容器不可以有味道（避免用金屬製或是廉價塑膠製容器）！然後別讓灰塵毛屑掉進去。還有一點則要考慮倒酒的方便性，有附倒出缺口的容器比較好。（家裡的大茶壺？其實可以考慮呢！）

有件事你要知道：如果酒先過到其他容器再倒入杯中，酒的發展會變快，容易錯過期間一些細微的變化，會讓你覺得這支酒味道「跑」得很快。

↑ 葡萄酒倒入杯中，醒酒過程就已開始。

↑ 醒酒可以讓香氣展現，顯得單寧不那麼刺激。（攝影：Megan〔Markham〕Bucknall）

1-4

酒瓶底部那個洞

選酒是永恆的命題，就像找男女朋友，沒做功課又想一發命中就和樂透中獎一樣難。但是我們並沒有要找終身伴侶，為了晚上開心而買一瓶酒還要上網問朋友查資料又有點強人所難，難道沒有什麼簡單的方法嗎？

江湖傳說好酒的酒瓶底部那個洞越深酒就越好，那麼讓我們先了解酒瓶底部這個洞到底是怎麼來的吧！葡萄酒玻璃瓶的商業製作可以上溯16世紀以前，當時燒製玻璃主要還是使用木材為燃料，木材燃燒溫度不夠高加上只能純手工製作，當初的玻璃酒瓶個個長相歪七扭八，而且強度不足（燒製溫度不足），結構也不穩定（厚度不平均）。長得歪七扭八就代表站都都站不穩，為了讓酒瓶站得穩，人們發現如果酒瓶底部凹入就可以讓酒瓶更容易站穩，另有說法指瓶底凹洞是吹製時使用吹風管的痕跡（參見休．詹森〔Hugh Johnson〕著作《葡萄酒的故事》〔*The Story of Wine*〕）。所以這個凹洞的最早目的其實根本沒有目的，只是個沒整理的痕跡，「正好」也讓酒瓶站穩。16世紀玻璃酒瓶的需求大增，工廠大量砍伐燃燒木材讓政府忍無可忍，英國政府17世

↑ 墨爾本博物館的古老酒瓶收藏。

紀初下令禁止以木材燒製玻璃，製作商隨後發展出以煤炭為燃料的玻璃燒製方式。之後迪比格爵士（Sir Kenelm Digby）發明玻璃高溫風爐，翻轉了玻璃製造業，間接觸發了以煤炭為燃料的18世紀工業革命基礎（英倫三島的煤產很高）。1662年，迪比格爵士被英國國會封為「現代酒瓶之父」。我們習慣的機器製固定酒瓶形狀則要到1821年以後才發展成形。

所以我們以邏輯推演時間序列：

1. 人類還在使用木材燒製玻璃瓶時，因為技術不足，所以瓶底有凹洞，正好讓瓶子可以站好，做平底的技術還比較高（跟現在差很多）。
2. 人們發現這個做法可以提升玻璃瓶的強度，特別是針對香檳這種有瓶內壓力的葡萄酒（今日香檳瓶底的凹洞通常仍比一般葡萄酒更大更深），瓶子的結構強度更重要。你聽說過香檳沒開好瓶塞會噴，但你應該沒遇過香檳因為晃動與撞擊而直接爆炸，然而在香檳氣泡酒發展之初，酒瓶爆炸很常發生（1828年，八成的香檳在酒窖內爆炸，酒業發展確認添糖二次發酵的比例後，19世紀下半葉的瓶炸比例仍有15%-20%），瓶子的結構與強度更顯重要。

3. 煤炭可以產生更高的溫度，所以玻璃的結構與強度問題解決，但酒瓶凹洞仍保留下來以保證瓶身結構強度，至少氣泡酒瓶是如此。
4. 玻璃酒瓶的生產：從木材到煤炭，從一般熔爐到高溫風爐，從人工吹製過渡到機器生產，瓶底凹洞一直保留著。但酒瓶底部的那個洞其實一直跟酒質無關，就好比汽車的鈑金與性能無關一樣。

葡萄酒的儲存因為要保持軟木塞的濕潤與彈性防止意外滲漏與氧化，存酒都是平躺的（也才可以在酒窖堆疊）。長期陳年因為葡萄酒內的化學反應而慢慢有酒渣沉澱，因為躺著放所以酒渣都沉澱在瓶身側邊而不是瓶底，所以酒瓶底部凹洞是為了集中沉澱物是附帶「價值」而不是設計主因，雖然你可能聽過老酒開瓶以前要直立放置一段時間讓酒渣沉到瓶底，但實際上黏在瓶身側邊的酒渣也不會全部沉到瓶底，侍酒師就要更小心處理。當然凹槽也讓侍酒師服務葡萄酒時看起來更專業：大拇指扣在洞裡面，其他四根手指抓瓶身，然後進行侍酒，沒練過的人還真做不好。

很多昂貴有知名度的葡萄酒，瓶子底部的凹槽並不會比便宜酒的更深（所謂的「公版瓶」），甚至德國葡萄酒的瓶底沒有凹洞而根本是平的，但沒人敢小看德國的甜型葡萄酒，有的酒款還可以跟DRC比肩。

其實酒瓶上的分數貼紙可能還比較有用，很多葡萄酒是會送去葡萄酒比賽的，雖然比賽有大有小，分數有高有低，但至少經過比賽得到的分數代表了對這款酒的認同。分數貼紙代表有一群葡萄酒專業評審對這支酒有基本認同，貼紙越多也就代表有更多評審認同。但若是談到名牌昂貴有歷史的酒款，他們是不會貼分數貼紙的。這又讓問題更複雜了。

結論：日常酒款或是新世界酒款，看瓶身的分數貼紙比看底部凹洞有用。不過真的談到如何判斷酒質，還是需要經驗累積與邏輯品飲訓練，而不是分數高就「腦補」酒好喝。看酒標看分數喝酒終究是個便宜行事投機取巧的方法，看酒瓶底部的凹洞也是，當成有趣小知識可矣。

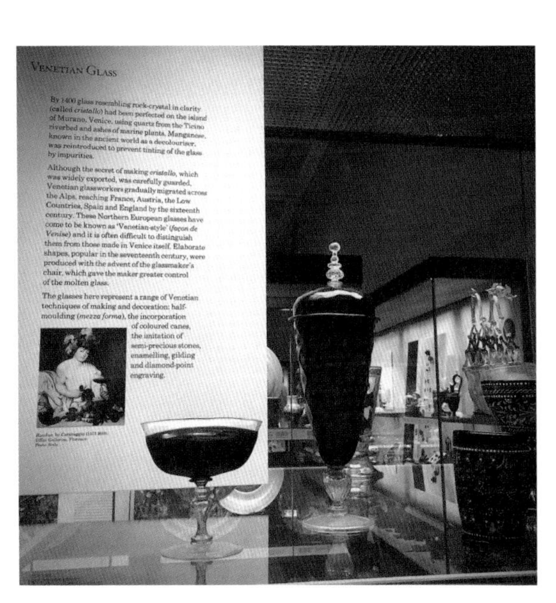

左｜大英博物館的酒瓶與酒杯收藏，明顯的是工匠手工製作的精美玻璃容器。
右｜18世紀初的量產葡萄酒瓶，可以看得出來形狀不完全對稱。（圖片來源：Wikimedia Commons）

1-5

再放幾年？

兩個面向：再放幾年也還可以喝 vs. 再放幾年更好喝

全球生產的葡萄酒有很大一部分，一種說法是90%，屬於即飲型態。簡單來說就是simple wine / bulk wine / inexpensive wine這個分類。所謂的「即飲」意思有二：一是出廠即是風味最好或是短期內風味就會完全發展，二是放久了也不會發展得更好喝。但這種酒「能不能放」？答案是可以，它在良好儲存條件下不會壞掉，只是放久了風味——特別是果味——會喪失（瓶中物質的化學作用）。而且在瓶塞完整儲存條件適當的情況下，要壞掉也沒那麼簡單，葡萄酒的pH值低（多半在3.1-3.8之間，很多微生物在這樣的酸鹼值之下被抑制甚至失活）。壞掉酸掉通常都是因為外來的污染，這也是瓶裝葡萄酒沒有標示保存期限的原因之一。

另外的10%可以不太精確的說是「再放幾年更好喝」的酒。酒評家給分數之外，還常常會給一款葡萄酒「適飲期間」（依酒種不同落差很大），約莫都是這一類的葡萄酒。可以陳年並且發展的葡萄酒通常某些天然的化學物質含

左｜圖片提供：hideg from Pixabay

量更多，使用橡木桶的機率更高，化學反應更複雜，味道也會更多元，風味整合所需時間也越長。在葡萄酒品飲專業之中，因為時間發展出的三類香氣（Tertiary Aromas）則是重要分類。

再來，不管是上面哪一種，出廠就是「可以喝」，新鮮沒壞當然可以喝。只是你愛不愛喝，或是有沒有喝到應當的完整風味，這才是重點。

結論

1. 葡萄酒裝瓶貼標後就是合法的食品飲料，銷售時就是可以喝的時候。
2. 在瓶蓋完整儲存條件良好情況下，葡萄酒可以放得比你想像的更久不會壞，差別在於它好不好喝。
3. 就算是可以發展陳年的酒，就算它是「歷史名酒」，也不會一直都好喝，過了巔峰時期風味就會逐步衰退。

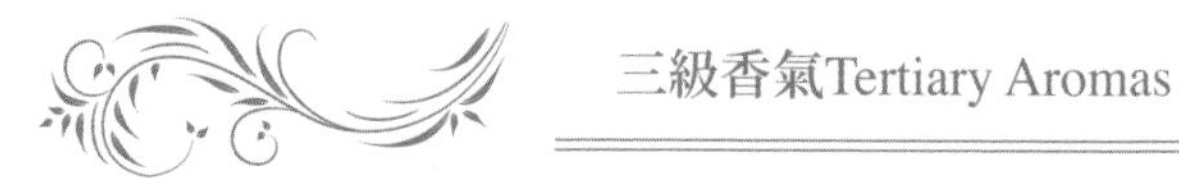

三級香氣Tertiary Aromas

又作三類香氣或陳年香氣。葡萄酒於陳年，特別是出廠後的瓶陳階段形成的香氣類型。由一級香氣Primary、二級香氣Secondary、及酒中其他化學物質經時而轉化的風味，緩慢的氧化是主要成因。常見的風味有Honey（蜂蜜，特別是白酒陳年後）、leather（皮革）、earth（泥土）、mushroom（蕈類）、meat（肉類）、tobacco（菸草）、wet leaves（濕葉）、forest floor（林地）、caramel（焦糖）。

1-6

舊世界與新世界

哥倫布發現新大陸以後，歐洲各國開始爭奪殖民地，他們輸出了技術、語言、宗教，同時也輸出了葡萄酒，再後來帶歐洲的葡萄樹過去繁衍，以歐洲的釀造技術生產家鄉味。「老家」與「新家」，這就是舊世界與新世界的簡單分別。

舊世界是指歐洲和地中海沿岸的其他地區，包括近東和北非。在歐洲老家，自有葡萄酒以來，各地的人們累積很多的「傳統」與「規矩」，包括指定的地塊、指定的品種等等，葡萄園和酒窖技術更依賴傳統，所以舊世界葡萄酒彼此之間幾乎沒有同質感。在舊世界的大部分地區，尤其是法國、德國和義大利，「風土」是很重要且根深蒂固的概念。對於典型的舊世界生產者，葡萄園的地理特徵比釀造技術重要得多。

新世界國家的釀酒技術以及大部分的葡萄品種，都根源自古老的產酒國像是法國、義大利、西班牙等。但在釀酒時他們沒有家鄉的那些束縛與規矩，新的土地給他們一張完全空白的畫布，他們可以自由地交流不同的種植與釀造方法，也導入更多的科技創新，創意也更天馬行空。沒有規矩不代表根柢不深，只是在自由的土地上更能跳脫框架。

在酒標上，舊世界葡萄酒是「地區優先」。在交通不便的年代，一個酒區使用的葡萄是不太會改變的，通常都是當地品種，所以酒標上只會寫上Bordeaux（波爾多）或是Bourgogne（勃艮地），意思是你看到了這些關鍵字就「應該要知道」瓶子裡是什麼，這樣的做法在當地一點問題都沒有，但離開了產地就會讓消費者看著就迷路；新世界的酒標並沒有與「老大哥們」同聲一氣，反而以簡單易懂的「品種名」方式呈現，這麼做的好處極大，最明顯的就是買酒的人只會買看得懂的東西，初階的購買者當然就會以這些國家入手，市場機會龐大。品種名在絕大多數的酒標上都會明顯列出，再來才是生產國與產區。

左 | 新世界重要產區澳洲雅拉河谷（Yarra Valley）。 右 | 新世界重要產區美國加州納帕。

左丨舊世界重要產區義大利的葡萄酒。
右丨舊世界重要產區法國波爾多，這五款酒均為著名的名莊酒款。

舊世界的葡萄酒產區普遍有「年分」的差異，從赤道往北極的墨西哥暖流直衝西歐，帶來不穩定的天氣型態，每年的氣候變異大，也造成每年的葡萄收成品質不一，所以談到法國酒常常要與年分一起談，就是這個原因。新世界的重大產區很多都鄰近涼流，涼流上的氣候穩定，所以葡萄園的氣候也穩定，因此新世界葡萄酒品質一般也比舊世界葡萄酒更穩定，也就不會太強調年分。

新舊世界在近20年來的交流已經非常頻繁，舊世界越來越採用技術創新，而新世界越來越接觸傳統的釀造哲思，發展屬於他們的風土概念，新舊世界葡萄酒之間的差異正在逐漸消失。

如何選購與應用

有人說「為誰而戰、為何而戰」，買酒一樣是「為誰而買、為何而買」，你今晚要求婚？還是呼朋引伴？這瓶酒是自己獨酌？還是要招待重要人物？你的目的就是你的購買決定。葡萄酒也比較強調「儀式感」，葡萄酒的專用器具很多，但它們不是為了故弄玄虛而設計的，而是要方便你的享受而設計的。真正知道原理，就能像個老手一樣處理一瓶酒、品味一杯酒，勾引出葡萄酒更多的味道。品味一杯葡萄酒最基本且最終的目的，莫過於此。

2-1

我的酒買貴了嗎？

古往今來，多少詩詞文章謳歌酒的美好，多少英雄豪傑為一口瓊漿折腰。昂貴的酒與昂貴的珠寶藝品一樣，從不是件新鮮事，問題通常是你在煩惱你買酒花的錢值不值。

你應當記得的是：高價酒不等於高品質。我承認三千元的酒喝起來應該要大大勝過三百元的酒，但三萬元的酒喝起來真的一定贏三千元的十倍嗎？另一個很實際的例子是來自波爾多官方數據：波爾多士族名莊的葡萄酒（Crus Bourgeois）與波爾多級數葡萄酒（Grand Cru Classé en 1855）的生產成本相差無多，價差卻以十倍計。由此證明價格與品質之間並沒有直接的關聯。

許多葡萄酒的價格過高，原因可能是被誇大的市場需求推升價格，可能是賣家自己的貪婪野心，或是「限量」 迷思、「名人」及「名牌」光環，或者根本只是根據你不知道的「定價策略」結果。自有葡萄酒以來，今天是葡萄酒品質差異最小的時代，但今天也是葡萄酒價格落差最大的時代，在如此大的價差範圍裡，聰明的消費者應當要會尋找價格合理且品質可靠的葡萄酒。

↑ 1433年成立的伯恩濟貧院（Hospices de Beaune）。自1859年以來，每年11月第三個星期日以拍賣會形式出售葡萄酒籌措醫院資金，全球買家都會聚集於此參加一年一度的競標。（圖片來源：Jebulon, Public domain）

台灣進口葡萄酒，國家會徵收酒稅、關稅以及營業稅。酒稅依酒精度徵收，大約60元起跳，關稅還有營業稅則依價格徵收，原本的價格加上稅費、陸海空運費、手續費等，再加上利潤，合理的情況一瓶酒售價不該低於350元，350元扣掉上述費用後所剩無幾，沒有足夠的成本支撐品質。所以就算想撿便宜，低於四百元我反而會考慮（疑慮）更多。品酒應當先求有樂趣，若是你想在一款酒中體會繽紛多變的展現，你想了解某種經典風格，你想好好認識某個品種，在大多數的情況裡，台幣3000元以內的酒已經有太多的選擇（而會挑的人價格一定更低）。

買酒跟買股票很像，大家都可以琅琅上口的牌子就是明牌或藍籌股，需求大，價格當然不會低。而且股票會生股息，葡萄酒喝一瓶只會少一瓶，一般人知道的名牌葡萄酒有三五十種就很多了，但你知道全球一年生產超過30萬款不同的葡萄酒嗎？這其中有太多物有所值或是物超所值的酒。

葡萄酒在台灣市場的主力價格區間大概是600到1500元之間，貨也動得比

↑ 倫敦佳士得拍賣廳。（圖片來源：Microcosm of London, Public domain）

較快。在這個區間內，酒商可以用合理的價格進口，也有合理的利潤，酒商才有餘力控管品質，畢竟沒有人想做白工，市場推廣也是要錢的。在這個區間因為競爭激烈，酒商之間彼此會互相制衡，不太會有養套殺的情況（大家滑滑手機都查得到，想炒作也難），而既然專業酒商看重這個價位帶，也不太可能砸自己招牌。

價格人人關心，網路查價很方便，還有葡萄酒專用的查價手機程式，而消費者查價也是天經地義，我查些資料時也會看看這些資訊。只是你要判斷這些所謂的「國際均價」是否真實，因為網路價格是有可能被「操縱」的。你可以想想那些網路二手車商說BMW一年車賣八萬的例子。你若要查價就應該查個徹底，只看搜索結果第一列就下決定並不明智。在台灣我買3000元以內酒通常不看「國際均價」，我反而更重視「賣家」 是誰。我想請大家試著與一些酒類專賣店建立長久的關係，就好像你的口袋餐廳一樣，專心經營的商家比你更看重酒的品質，他們也都會很珍惜常客熟客，想買便宜好貨，先做個好客人吧。

1. 在600到1500元的區間，通常澳洲，紐西蘭、南非、智利、阿根廷等國家的酒款更有競爭力；舊世界國家則建議先從西班牙與義大利開始找，法國葡萄酒的水比較深，你不能只是看完上面這點小提醒就衝了。
2. 以下葡萄酒通常已經過度「溢價」，要買的人先要做好功課：波爾多左右岸級數酒，特別是那些新年分開價就是萬兒八千的貴貴酒；勃艮

珍稀葡萄酒的增值空間很大，因為同款酒產量有限，喝一瓶就少一瓶。

地金丘一級園與特級園（不分紅白）；加州膜拜酒。另外某些國際葡萄酒專家認為香檳酒普遍過度溢價，也可列入參考。

3. 我會買來放的高價酒（非以投資為目的，總有一天喝了它）：具有某些紀念意義（比如我的出生年分）的酒，慈善拍賣酒款，相對而言「限量」的酒，比如三公升大瓶裝，我覺得好喝也負擔得起的酒款。

如果你買酒是為了投資，你要考慮的已經不只是價格。葡萄酒最麻煩的一點就是保存，那些上拍賣會的超高價名酒，之所以能放在台上，除了酒本身的價值與稀缺程度，拍賣會一定會把這瓶酒自出廠以來所有保存情況問得清清楚楚，還要提出證明，這可不是你說你買了個很厲害的酒櫃來存放酒、旁邊還放一大包乖乖那麼簡單，你的上家名不見經傳，你沒有一個具公信力的儲存地點放這些嬌客，其實就不用想著有一天能捧上拍賣場賺個盆滿缽滿。

雖然價格確實是個痛點，但我真心覺得賺了便宜卻喝到生氣是更不值得的事（相信我，我有太多慘痛的經驗），你要喝的終究是品質、是樂趣，而不是價格。葡萄酒需要你花時間去認識與親近，成為真心愛酒人士的路上沒有捷徑可走。

↑ 波爾多左岸葡萄酒1855年分級建立後，進一步擴大了市場影響力。
（圖片來源：Die Gartenlaube, Public domain）

2-2

葡萄酒該存放在哪裡，開過沒喝完的酒該如何處理？

這章討論葡萄酒的長期「存放」，而不是短期的「暫放」。葡萄酒若在良好的環境條件下存放，就可以因著時間發展出更多的香氣，所以你只要知道環境條件，就可以幫你的酒找到好地方存放。良好的環境條件，其實就是模仿葡萄酒產區的酒莊存放一瓶瓶葡萄酒的地方，多半是個不見光的室內（比如地窖），光線昏暗，空氣潮溼，溫度恆定，無人打擾。

有沒有發現酒瓶常常是深色玻璃呢？這正是因為葡萄酒怕光，光化學反應對酒是有害的；葡萄酒更怕熱，超過20度的環境已不適合，若是夏天又沒空調的室內，酒很快會損壞，溫度對葡萄酒的損傷程度是等比級數，所以存放時寧願溫度太低，也不要覺得沒曬到太陽的地方都可以隨便放，更不可以放在溫差劇烈的地方。

存放酒時會建議酒瓶平躺，讓酒汁可以接觸到軟木塞，軟木塞接觸酒才能保持彈性，直立放置太久，塞子就會乾裂；同理，若是存放地點的溼度不夠，

↑ 澳洲Wynns酒莊的地下酒窖。（圖片提供：富邑葡萄酒集團）

CSW
20
CSW
22
CS2008
No.28

也會有塞子乾裂的隱憂，但台灣大部分地區都沒有溼度不足的問題。平躺還有個好處是節省空間，以上針對天然軟木塞葡萄酒，如果是螺旋蓋或是塑膠塞，直立存放當然可以。

有些人會告訴你酒在室溫保存就好，這在中高緯度地區可以說是對的，因為那些地方夏天也不像台灣這麼酷熱，法國人的酒常只是放在屋裡不見光的角落。但他們的「室溫」並不能類推我們的環境。

喜歡葡萄酒的人多少都會收藏些酒，在家裡設置酒窖現在很流行，很多人會問要多大的酒窖，我的建議是越大越好，因為你設置酒窖就很想把它塞滿。市售的酒窖牌子很多，價格落差也很大，酒窖比一般冰箱貴的原因是壓縮機：冰箱的壓縮機震動比較大，會對葡萄酒的陳年發展不利，酒窖的壓縮機是特製的，震動很小、聲音也很小。

另一種選擇是租個酒窖，外租酒窖大多看起來就是個倉庫，但溫溼度是恆定的並有專人管制，缺點也很明顯，就是想拿酒還得跑一趟。

已開瓶喝不完的酒怎麼辦?

關於酒最好的保存地方，莫過於自己的嘴裡和肚子裡，但如果這兩個地方已經無能為力，剩下的酒也還想等到有空再喝，那麼你就要學學如何保存已經開瓶的葡萄酒。

保存已開的葡萄酒，你要知道的基礎重點是低溫並隔絕氧氣：市面有賣抽真空的酒塞，便宜的幾百元一組，還有吹入氮氣的裝置，把酒瓶內的氧氣「吹走」再塞上塞子，還有更多長相各異的器械來延長開瓶後酒的壽命。但不管你用什麼器材，已經開瓶的酒還是要冰回去，低溫可以減緩氧化速率，冰箱的溫度更低，會比酒窖好。

沒有真空酒塞，你就用原來的酒塞塞回去吧。很多人是倒著塞回軟木塞的，因為這樣塞子比較容易進去，但因為塞子接觸酒封的部分處於比較高的溼度，這裡常常會發黴（這不代表酒壞了，反而說明酒存放位置的溼度是正確的，酒塞上的黴菌一般也不會跑到酒裡面，不必擔心酒質受損），所以你要注意酒塞的狀態，保險起見還是照著原來的樣子塞回去，用點巧勁多練習還是做得到的。

↑ 義大利托斯卡尼Castello Di Gabbiano酒莊的酒窖橡木桶。
（圖片提供：富邑葡萄酒集團）

不管怎麼保存，一旦開瓶之後，酒就會進入不可逆的發展，無法停止。換句話說，如果這瓶酒在開瓶歡飲後的一兩個小時內盛開，那麼就算你此時塞上塞子冰回去（用了真空酒塞會好一點），大概也只能延續最多三五天，在這幾天裡酒仍然在瓶中繼續變化它的各個風貌。保存時間的確因低溫而延長，但時間並未停留在瓶中，而你我都會錯過它的年華。「有酒當喝直須喝」，誠哉斯言。

↑ 澳洲Seppelt Wines Great Western酒莊的地下酒窖通道。（圖片提供：富邑葡萄酒集團）

2-3

溫度是葡萄酒的性感帶

不論專家達人還是一般大眾對葡萄酒的看法都意見紛陳，但對於葡萄酒的「溫度」控制卻是眾口一致。一款平凡的酒可以因為溫度控制得當而變得香醇好喝，一款昂貴的酒也可能因為溫度失當而難聞難喝。

食物中有許多香氣分子，這些「 味道」需要透過嗅覺與味覺而感受到，食物的溫度不同，嗅覺和味覺的感受自然也大不相同。葡萄酒也是食物，而且葡萄酒對溫度更加敏感。根據研究與調查數據顯示，一款葡萄酒的體驗有70%來自於香氣的享受，溫度在這裡扮演非常重要的角色。葡萄酒的溫度越高（最高約20°C，再高就傷到葡萄酒的香氣發展），釋放的香氣也越多。相反地，冰涼的葡萄酒（大概6~8°C）會顯得氣味較不濃烈。所以如果是香濃的葡萄（術語稱為芳香型葡萄）釀的酒，比如雷絲玲或是白蘇維濃，就比較適合低溫飲用，因為它們在低溫時香味還不至於凍得完全不見。

葡萄酒的味道也和酒體有關，口感比較渾厚的酒，或是酒精度稍高的酒（約13%為分界），適飲溫度也會比較高，因為酒體越飽滿，香氣分子離開酒液表面的困難度就越大。所以紅酒相對而言適飲溫度比較高也是因為如此。使用橡木桶醇化的白葡萄酒，或是酒精度高的白葡萄酒，溫度就可以拉到12~15°C；相對的，若是酒體輕盈、酒精度較低或未入桶陳年的紅酒，也是差不多這個溫度區間。

濃郁的紅葡萄酒在過冷的情況下，香氣出不來，酸味與單寧／澀感就變得突出。如果你想品嘗一款單寧相對較高的年輕紅葡萄酒，以15~18°C溫度享用，香氣出來得更多，刮舌感與酸味也得以平衡。

家裡若沒有專業的酒窖，建議你所有的葡萄酒都先進冰箱冷藏至少一小時。冰箱冷藏室最上層大約是4°C，看似太低溫但只要離開酒窖倒入杯中，酒溫就會緩緩上升。等待的時間正好「醒酒」。想更快的降溫可以把酒冰在冰塊加水的冰桶中（再加點鹽效果更好），但我們不會為了控制溫度去「冰杯」。冷藏室最下層或是蔬果冷藏室的溫度大約7°C，如果冰箱沒有奇怪的味道，其實可以做為日常酒款的存放場所。

適飲溫度是從你「喝的第一口」時的溫度起算，隨著時間過去，酒溫會漸漸上升至室溫，這就是一開始壓低溫度的好處，杯中的酒最後一定超過上述的建議溫度，但也不用再處理它了。

干型白葡萄酒，適飲溫度6°C~15°C。酒精度越低，適飲溫度也越低。

干型紅葡萄酒，適飲溫度12°C~18°C。酒精度越高，適飲溫度也越高。

干型氣泡酒，大多在6°C~10°C。建議一律從6°C開始喝。

口感較輕盈的甜葡萄酒，大多在6°C~10°C。酒精度越低，適飲溫度也越低。

口感較濃郁的甜葡萄酒，大多在10°C~16°C。酒精度越低，適飲溫度也越低。

順便一提：一些葡萄酒資訊會說葡萄酒應當室溫飲用，卻沒說是哪裡的室溫！葡萄酒主力生產於溫帶，室溫比台灣低得多（去過歐洲旅遊的朋友應該知道冷氣在當地不是到處都有的設備）。這個說法在溫帶國家是對的，在亞熱帶的台灣是錯的。

TIPS

1. 如果葡萄酒不是酒窖直接取出並開瓶飲用，那麼任何類型的葡萄酒都建議你先冷藏一小時再開瓶倒出，寧願酒太冰也不可以讓葡萄酒「熱熱喝」。
2. 只要控制第一口「入口」的溫度就好，沒有人喝酒還拿個溫度計的。
3. 上述溫度數值都只是參考，差個三五度也不致招罪。

↑ 奧地利畫家馬卡特（Hans Makart）的畫作《五感》（The Five Senses）。（圖片來源：Public domain）

2-4 基本品酒步驟

這世上的確有啜一口葡萄酒便可以道出品種、年分、產區，甚至生產者的神人，但你不必擁有如此天分也可以成為愛酒人。一次密集訓練，就可以讓你有良好的品酒基礎，終身受用。有機會去上課接受指導和演練？太好了！忙到沒時間只能獨自想辦法？也可以！以下是一些指導，可以說是這本書最重要的基礎！請特別關注！

品酒的目的首先是利用感官獲得酒的基本資料，什麼意思呢？其實酒和其他飲料或食物都一樣，我們會看到顏色、聞到香氣、嘗到味道，而這三個部分就包含了品酒的一切。

1 觀察：顏色與深淺、酒淚與氣泡

酒的顏色對專業品酒人士提供了非常多資訊，可以初步判斷品種、年分、口感。要判斷顏色的深淺，特別是紅酒的顏色深淺，首先你的酒要倒到杯子最寬的地方，再從杯口正上方往下看，如果看不到杯梗，這杯紅酒就會判定為深

色，結合剛剛看到的顏色，就是完整的描述，像是「深紫色deep purple」、「淡紅寶石色light ruby」、「中等石榴色medium garnet」等等。愈不透光，通常口感愈重，反之則口感較輕（但非絕對），因葡萄品種不同顏色也會不同，所以這是專業人士「盲測」一款酒時會使用的技巧，初學者也是透過對顏色的描述，進入品酒的世界。

紅酒色彩越鮮豔，代表越年輕，若是出現褐色，或者酒色有「褪色」的感覺，就代表有點年紀了。白酒則是顏色越淡越年輕，某些剛出廠的白酒可以淡得跟水一樣。白酒常見的色調是淡黃和淡綠色，淡綠色的口感通常比淡黃色的輕，這往往和酒有無橡木桶陳年有關，也與酒的年齡有關。觀察顏色時要注意燈光，偏黃或偏紅的燈光會影響判斷，解決方法是將酒杯靠近白色背景，如白紙、白盤子或白布巾，使眼睛與酒液和白色背景處於同一直線，以進行色彩校正。

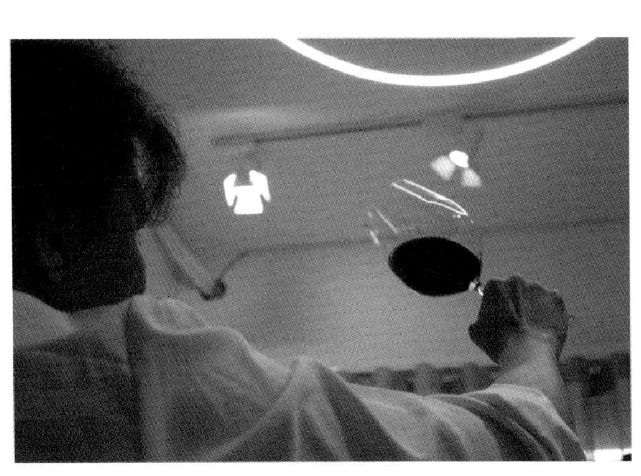

左｜觀察紅酒的顏色不建議你將杯子舉高逆光觀察，背景光造成的對比會讓酒色看不清楚。
右｜觀察酒色，背景應為白色，避免環境光導致的色差，可以觀察液面邊緣以確定顏色。

眼睛也可以觀察酒質是否濃郁：從杯口觀察液面靠近杯壁的邊緣，觀察淡色的區域是較窄小或較寬廣，邊緣看起來「水水的」，則口感會較輕，反之則口感較重。有些人會晃杯來觀察杯壁流下的水痕，也就是所謂的「酒淚」或「掛杯」，水痕邊緣越清楚越立體，酒精度則通常越高。酒精度在過去是判斷酒質的因素，因為水果越成熟，風味才會越充足，越高的含糖量才能得到越高的酒精度。但現代的葡萄酒產區飽受氣候變遷的影響，葡萄常常是過熟而不是不熟，所以酒淚明顯頂多是預判酒精度較高，酒體較濃郁，已不再是優質酒的判斷標準。

除了顏色深淺與酒淚，可以肉眼觀察的，還包括酒色是清澈或混濁？氣泡的大小與多少？晃杯感受酒液流動時稠密的感覺，有著濃稠感的酒款口感多半較重。

2 嗅聞香氣

你要把鼻子放在正確的地方才能獲得正確的資訊：酒杯杯口的上緣試著先去碰到兩眼之間的鼻樑。用酒杯「罩住」鼻子，小吸一口氣。這樣的方式提供大部分的香氣資訊。以這個位置為準，鼻尖稍微離開杯口，上下挪動並聞香。靠近下方的味道較重，帶著酒精的味道。靠近上緣，也就是剛頂到鼻樑的位置，味道較輕。一些纖細的香氣只能在這個位置聞到。多來回幾次，在不同位置嗅聞，盡可能找到更多的香氣資訊。嗅覺很容易疲勞，如果覺得嗅覺疲勞，可以聞聞自己的手背來恢復。如果聞不到香氣也沒關係，通常是因為酒還沒醒開，過個15分鐘再嗅聞即可。不然就多晃幾下杯子再聞它。

嗅聞香氣同時配合著晃杯。晃杯時破壞液面使底層的香氣散發出來。搖一搖、聞一聞、再搖一搖，多來回幾次，好好享受！

不分紅白酒，你可能會聞到幾種類型的味道：所有葡萄酒都應該有的香氣

↑ 將杯口罩住鼻子，緩緩吸氣聞香。

是水果與植物相關的香氣系，因為葡萄就是水果，也是一種植物：果香、花香、蔬菜味、香草植物類，甚至土地的香氣等等都是。果香或花香也分很多種。酒中的花果香通常來自於葡萄本身，不同的花果香讓品酒者可以簡單地分別。而一開始，你可以學著判斷香氣區間，方法很簡單，就是看顏色找香氣，想想有哪些水果和酒的顏色相近：紅酒的香氣常是深色水果（莓果類、李子等），白酒的香氣常是淺色水果（柑橘類、梨、桃、蘋果、芭樂等）。再進一步，思考所謂的「果味」是新鮮水果還是偏向水果乾或是糖漬水果的感覺；如果是花香，是什麼花？是玫瑰還是桂花，或是其他的花？是新鮮的玫瑰，還是乾燥的玫瑰花茶香味。這一類型的香氣被認為來自於葡萄品種的「先天香氣」和「品種香氣」，是一定會有的香氣，對葡萄酒的香氣描述裡一定有它。如果葡萄酒缺乏果香，就代表已經衰退或是損壞。

釀造過程也會帶入香氣：酒精發酵需要酵母菌，酵母菌在釀造時也會帶入一些味道，這種味道常在香檳中出現，因為香檳製作時，酒汁會與發酵後沉澱的死酵母接觸一段長時間，讓香檳出現像是啤酒的香氣，但一般的葡萄酒就沒這麼明顯。有經過橡木桶（特別是新的橡木桶）陳年的會有木質系或香辛料氣息（來自木材本身）、燒烤或煙燻香氣（因為橡木要經過燒烤才能彎曲做成橡木桶），以及甜美的奶油及香草香氣（橡木含有油脂且經過燒烤，會析出進入酒中）。

經過陳年，酒的香氣也有所變化，香氣若不是來自於品種本身，也不是來自於釀造處理，就會歸類到「陳年」香氣。你可能聽過葡萄酒有「皮革味」或是「林地溼葉味」，甚至是「獸欄」、「淋溼的流浪狗」這樣的形容，都算在陳年香氣裡，很多老酒只剩下酸梅湯的味道，這也歸在陳年香氣裡。最新年分的酒不會有這種味道，隨著時間才會慢慢明顯。

感覺資訊量很大嗎？你可以在腦中列個清單，甚至真的印張表格（網路上很多，關鍵字「葡萄酒香氣輪」），將香氣逐一比對，多練習就更熟練。而且更重要的是：不是每款葡萄酒都同時具備上述三類的香氣，你也別硬逼著自己講出一大堆名詞與形容詞，講很多不代表你很厲害。最後，不管是什麼香氣，盡量試著描述它。自身品酒的經驗比什麼學習或書本都更重要，每次的香氣判斷都是更深入葡萄酒世界的重要跨越。

3 品飲：一口咬下葡萄酒

「一口咬下葡萄酒」並不是錯誤的敘述，而且除了要咬，還要含漱、翻攪，這些似乎不怎麼有禮貌的動作都其來有自！

「玩弄」夠了面前的那杯酒，總要來上一口。第一口得大口一點，大概是你口腔可容納的五成。喝這麼多不是表現豪氣，而是口腔需要足夠的酒液去獲得口感資訊。

酒到了嘴裡，有些同桌的人就會發出那些媽媽不准我們在餐桌上發出的聲音：有人吸著空氣發出咕嚕咕嚕的聲音，有人在漱口，有人一直反覆嘟嘴巴又

好像在咬東西，好像來到幼稚園的點心時間。可別賞他們白眼，這些動作都是為了讓酒液能接觸到口腔所有地方，好讓你對這支酒下判斷。你的「嘖一嘖、吸一吸、吐一吐」動作要持續多久呢？應當在酒液尚未太過升溫前嚥下，酒溫過高會改變整體的口感。

酒液在口中的活動，就是要每一個區域都盡可能接觸到酒汁，包括整個舌頭、頰肉和唇齒之間。特別是酒汁要送到顳顎關節處，也就是在大臼齒後面的位置，這裡有唾液腺，唾液會因酸度而分泌，我們就是感受唾液分泌的情況來判定酸度高低的。唾液分泌是自發反應，不能理性控制，所以具有更好的鑑別度。

最後，嗅覺是鼻子在管，味覺是口腔在管， 兩者要小心分辨。聞起來有水果的甜味不等於喝起來有甜感，在你歸結資訊時要分別清楚。

↑ 喝進一口葡萄酒，份量不宜過少，大約是一口的飯量。

你應當在此時獲得的資訊是：

酸味（酸度）

要感受葡萄酒的酸，如同上文說的，要專注於感知唾液分泌的多寡。就算是甜膩的冰酒也有酸味，只是程度的問題。酸度是高還是低？刺人的還是令人愉悅的？是「閉塞」的還是「明亮」的？不要先入為主的抗拒酸味，酸味形成酒體的某些「架構」，酸度太低的酒也許易於入口，但也易於失之平淡平凡。好的葡萄酒酸度都不低，好的甜酒酸度都很高，值得你好好推敲。

甜味（殘糖量）

就算你喝的是不甜的葡萄酒，其實裡面還是有糖的存在，因為酵母無法完全轉換果汁中的糖，只是舌頭是否能感知與否。大部分的紅酒都屬於「不甜」型態的酒（仍有含糖），隨著糖的比例，你可以講得出是微甜、中等甜或是很甜，已然足夠。但由於味蕾感受到的「甜味」與嗅覺感受到的「甜香」完全不同，你聞到水果的甜香不等於這酒就是甜的，莫要混為一談。

葡萄酒的「不甜」在術語中稱為「dry」，中譯有多種：乾、幹、干。念起來都一樣，但都翻得不準，只是以訛傳訛變成通用的說法，還是用原文的 “dry” 較合適。本書的中文會一律使用「干」形容不甜的葡萄酒。

單寧

單寧不算是個「味道」，但單寧具有「收斂性」，會在你的牙齦、上顎或是頰肉處產生發乾或是澀感，拿你的舌頭頂面向著上顎推磨一下，單寧重的酒會讓你覺得「磨擦力」變大了。所以你可以說單寧是可以被味覺器官感知的物質，是一種「觸感」。你會聽到「單寧咬舌」即因其收斂的特性。

好的酒有那種恰到好處的澀感，有些形容的說法是單寧「如絲綢一般」、

左｜將口中酒液送到口腔所有地方，特別要記得送到口腔後方顳顎關節處。
右｜嚥下酒汁，嘴巴閉起，鼻子呼氣帶出口中香氣

「如天鵝絨一般」、「滑順」。不管這些詞語你能否意會，單寧在酒中都展現一種結構感和存在感，多喝幾次就能逐漸了解。

你可以觀察單寧澀感在口中的「面積」與「強弱」，意思是如果你的兩頰只有部分感到收斂或澀，單寧大概最多說是中等，如果單寧讓你的「牙齦」都感到強力的收斂感，這時就會形容這款酒的單寧為「高」。

單寧的來源主要是葡萄皮，因此單寧通常只用來形容有浸皮過程的紅酒，浸皮除了使單寧溶在酒汁中，同時也使顏色溶入。

酒體與酒精

酒精也不算是個味道，但酒精會讓你的口腔後部產生灼熱感，呼吸時有嗆鼻感。不同的酒，酒精含量也不同，你要學著去判別酒精在口中的含量是高是低，表現為何。

酒精的表現反映在酒體與食道的灼熱感上：酒精較高，代表葡萄更成熟糖分更高，通常酒體就會較飽滿、較「重」，甚至會誤導口感偏甜，兩者為正相關。將酒吞下以後感覺食道的灼熱感是我主要判斷酒精度高低的方法，酒精越高則灼熱感會越強或越久。

一般的葡萄酒酒精度若在13°以下一般會認為偏低，13°~14°為中等，14°及以上為高。很有趣的是酒精度只是差一度口感就會差距很大，專業人士不是內建了靈敏的酒測器，而是品飲的經驗歸納而得，是後天可以訓練的。

後韻／喉韻

這指的是吞下酒後，味道在口中殘留的時間。當你吞下一口酒，再由鼻子呼氣時，你會帶出來而「聞」到一些味道，而呼出這口氣後，口中仍會有味道，你可以閉著嘴默想這些味道在口中仍然「明確」（香氣可以判斷為某支酒）的時間長短。多喝幾次或一次多喝幾種酒就可以累積初步的判斷能力，但我是反對去算「秒數」來判斷後韻的長短的。

綜合評斷

這是比上面更重要的一點，常常很多時候我們記不得這許多的步驟還有香氣的種類，常常我們喝酒時同時還要講話、吃東西、想事情，但一口酒進入口中到吞下的這段時間，我們會馬上知道自己喜不喜歡這支酒。對於喝酒的人而言，這就是最重要的一點了。在術語中，我們會說好的酒有著「良好的平衡」、「均衡的表現」。是什麼和什麼的平衡均衡呢？就是上面互相影響的最後結果。但綜合評斷是很直覺直觀的，很可能你腦子裡還來不及迸出這些步驟和專有名詞前，你的「綜合評斷」已昭然若揭。但系統化的學習與基礎動作的演練，會使得每次的品飲不只是一陣爽快煙消雲散，還能有邏輯的認識它，進而尊重它，基本動作是你發展品鑑能力的藍圖。

如果你是常飲葡萄酒的人，品飲的過程中你還可以判斷這瓶酒是否還可以陳年或是已進入適飲期，並可由過去的經驗判斷這瓶酒的品質高低（也不妨試著猜猜價格）。希望你也可以趕快得窺葡萄酒的廟堂之美。

2-5

辦場葡萄酒派對

做為研究者與教師，我非常慶幸我的日常主題就是葡萄酒：它有深厚的知識累積，有極多的複雜風味變化，更給人不同的靈魂感動。在西方，葡萄酒被稱為最適合佐餐的飲料，但對我而言，葡萄酒更可以說是適合各種場合的飲料：朋友的歡聚、美食的饗宴、生活的慶典、生命中的重要時刻，都可以找到相匹配的葡萄酒。就算是預算無上限，我也不會只買最貴的，或是只喝列級波爾多和頂級勃艮地，我更喜愛誠實的農人虔心釀造的葡萄酒，也更在意不同的場合「飲酒的氣氛」。

與正式的品酒會不同，聚會場合有其目的性，這個目的就是選酒的最重大考量。如果是中秋節烤肉派對，喝昂貴的波爾多紅酒或是拍賣場嬌客的加州膜拜酒就浪費了。越貴的酒「脾氣越大」，要讓它完美發揮會花你很多時間心力，朋友的歡樂聚會裡你沒有時間處理，大家也不可能專心探查細膩的味道。你需要的是開了馬上有滋有味的酒，這種酒不會太貴，但在派對的效果非常好。若朋友也是葡萄酒愛好者，我就會找一些特別的酒款當成話題談資來貫串

J.M. DA FONSECA
MOSCATEL DE SETÚBAL D.O.
ALAMBR
20
JOSÉ MARIA
PRODUCT OF PORTUGAL

派對的氣氛。

如果不是在餐盤酒杯都充足的場地，如果你是派對主人還要張羅大小事，請一定記得把「客人的需求」先顧好，不是酒買了就好。當主人是有天職的，就是要出來和大家social哈啦，不要變成女僕或男僕。你可以和大家聊聊你準備的酒，介紹不熟的朋友互相認識，注意監控流程，但就是不要卡在吧台弄飲料，或是卡在廚房煮吃的。你要知道酒是助興亦是敗興的東西，主人要能控場子，不然後果難料。

賓客都是來玩的，如何讓大家從進場到離場順順利利，實在是個大學問。這裡給你幾個建議，讓你輕鬆的照顧好大家，做個有面子的主人。

買什麼酒？

簡單易飲是最高原則，價格請自行考量，購買時就問一下是否開瓶即飲。不妨多買一些不同的酒款，先不須考量濃淡的問題。在派對迎賓時，氣泡酒或者微有甜味的冰涼白酒、粉紅酒，都是很好的選擇。主場要用的酒，香氣甜美的簡單紅白酒就好，白酒要先冰好，紅酒也最好先冰一下，至少觸手有冷涼的感覺。

當然，由食物來決定購買的酒款就更加完美。如果是西式的餐點，比照上述原則，如果你準備的是日式大盤生魚片握壽司，白酒就多一點吧，如果是鹽酥雞燒烤類，紅酒就多一點。而且看完本書後，你看菜單開酒單其實更簡單。

買多少酒？

這個問題很尷尬，誰知道大家的酒量如何呢。保險的估計，一人半瓶標準瓶的量就可以，換句話說如果是20人的派對，準備十瓶酒是標準量。這十瓶酒統統不一樣也並無不可。另外再拿個兩三瓶當做預備的量。

↑ 派對食物通常以好拿取為原則，葡萄酒杯也不需要太多。

客人自帶酒？

你也可以在你的邀請卡上註明請客人一人帶一支酒，現場再來排定出酒序。大家都沒喝過的話更好玩，現場氣氛也會更加熱烈，你還可以省點錢喔。另外，做主人的給客人的酒掛個牌子表明是誰的心意，其實在派對上，大家是互有往來，這樣才有派對的精神。

簡單的酒杯

固然使用各種酒的專用杯很周到，但是那麼多大大小小的杯子不好準備也不好收拾，還容易打破。派對時僅需簡單的酒杯即可，不須太在意形狀和材質，一般的國際品酒杯就好。派對的葡萄酒預備不會用太難懂的酒，因此對酒杯的要求也不會太講究，而且派對的氣氛活絡，品酒只是點綴，因此以好預備的基本款為佳。有些酒商或菸酒專賣店有租借杯子服務，不妨詢問看看。

掛名牌

現場只要超過一打的杯子同時使用，就最好在杯腳貼上貼紙或掛名牌，不然馬上就不知哪個杯子屬於哪個人。有些販售酒類器材的地方也會賣名牌，你也可以發揮創意自製，比如女生綁頭髮的彩色橡皮圈，上頭還有飾品，這個就很好用。掛名牌還有個特別的好處：就是杯子不會無上限地使用。一人一支杯就可以撐完全場，當主人也可以少洗點杯子。

杯子的數量

基於你想得到及想不到的許多原因，不管是打破、弄髒，或者莫名的失蹤，一人只用一個杯是不可能的，就算掛了名牌，你至少也要預備人數1.5倍的杯子。總之要多準備以防萬一，如果杯子真的不夠，現場要有人幫你巡場子收杯清洗再出給客人，這樣才能順順利利。

找個酒水服務生（別把自己累死！）

這是一個良心的建議，就算只是一位也好，他可以幫你省下很多處理瑣事的時間。不必找真正飯店的服務生，隔壁鄰居家的高中生或大學生，只要手腳夠俐落都可以。他要幫你顧好所有的飲料包含清洗，讓你無後顧之憂地在場中穿梭。主人一定要扮演好主人的角色，這比酒好菜好更重要一百倍！

↑ 派對的杯子容易搞混，用不同顏色的燕尾夾分辨也是個好方法。
（圖片來源：Nikchick from Seattle, USA, CC BY-SA 2.0）

瓶塞與侍酒刀

軟木塞、合成軟木塞，還是螺旋蓋？

瓶子需要塞子，最常見的就是軟木塞：它富於彈性且耐用，也可以讓微量的空氣透入，幫助葡萄酒發展陳年風味。人類使用軟木做為封裝材料可以上溯至古埃及時代，軟木塞是由栓皮櫟的樹皮製作，樹皮很厚且富有彈性。栓皮櫟樹皮被一大片一大片的採下，並經過一段時間的乾燥後，用機器直接削出整個酒塞，成為葡萄酒世界重要的角色。由於是純天然的植物製品，沾染黴菌無可避免，軟木塞上若沾染特定黴菌，封瓶後就會產生所謂的「TCA污染」，這種情況就是一般人所說的corked：酒裡會出現溼紙板味或是不乾淨的溼抹布味，果香也受損。明顯的軟木塞污染一開瓶就聞得到，但低濃度的軟木塞污染只有生產者與專業人士能夠察覺，對於一般人來說可能只是酒中的果香變得微弱，不知道他們有權對失去果香的葡萄酒提出抱怨。而且這個問題一直存在，使用軟木塞封瓶的葡萄酒大約有2%~5%遭到TCA污染。雖然軟木塞的消毒工藝與品管也在進步，但成本也隨之暴增，平價葡萄酒負擔不起這種高品質的軟木塞。天然軟木塞的缺點也導致合成軟木塞和螺旋蓋的廣泛使用。

越來越多的葡萄酒生產者開始使用合成軟木塞和螺旋蓋。螺旋蓋在澳洲和紐西蘭非常盛行，他們覺得天然軟木塞品質堪慮，螺旋蓋則比天然軟木塞穩定太多，改良的螺旋蓋還可以讓微量空氣透入，取代了天然軟木塞的另一項優勢。最近的實驗顯示，以螺旋蓋封瓶的葡萄酒經過10年甚至20年之後，酒質是勝於天然軟木塞葡萄酒的。

合成軟木塞則同樣使用栓皮櫟的樹皮，但是樹皮經過粉碎、殺菌、乾燥，再膠合成型，這個工藝也可以做成你辦公室的軟木塞板。因為粉碎後殺菌，等於是更深入的清潔，有效降低TCA污染的可能性，成本也低，許多平價酒都使用合成軟木塞。

各種型制的酒塞與螺旋蓋。（圖片來源：左上｜Wualex, Public domain。左下｜Beatrice Murch, CC BY-SA 2.0。右上｜Libation U.N. Limited, CC BY- SA 3.0。右下｜Andromeda789, CC BY-SA 3.0）

打開一瓶酒

就算天然軟木塞的缺點顯而易見，事實是很多人無法接受昂貴的葡萄酒使用螺旋蓋封瓶。開瓶起塞的「儀式感」也是葡萄酒體驗的一部分。目前以酒塞方式（不限材質）封瓶的葡萄酒仍然還是市場多數，侍酒刀還是非常重要的葡萄酒器材，要我說的話，侍酒刀的重要性比杯子更重要，帶酒沒帶杯子，了不起對嘴灌，沒帶刀子酒打不開，就一切免談。

侍酒刀是螺旋鑽與槓桿原理的結合，這裡不打算作各部零件介紹。你要記得的是別買有塑膠部件的侍酒刀，很容易壞，最好也別買有兩個把手的蝴蝶式開瓶器，它可能很好看，但不好操作。一支百元有找的全金屬單把手侍酒刀就很好用了。當然你若願意重金購買名牌也是可以的，但貴的侍酒刀不見得就一定比便宜的好用，購買前最好試用一下。

侍酒師切酒封時，瓶子是固定在桌面上，酒標朝向賓客，以示禮儀。酒瓶口通常會有一圈凸出，我的習慣是刀子貼合凸出的下緣切開酒封，這樣倒酒時酒液不會經過酒封切口，比較衛生，這也是國際侍酒師競賽的標準動作。

使用單把手侍酒刀開瓶最需要注意的事情，是螺旋鑽下入酒塞的位置，很多人把螺旋鑽直立再將尖端對著酒塞中心鑽入，這是錯的，因為螺旋鑽的中心並不在螺旋鑽的尖端上，等於你一開始就開歪了，容易把酒塞開斷。你要先確定螺旋鑽的中心與酒塞中心重合再鑽入，不要把注意力放在螺旋鑽的尖端上。

再來是下刀深度，侍酒刀不能鑽破酒塞另一頭，所以很多人會留一圈螺旋就起塞。但我們通常也不會知道每瓶酒的塞子有多長，昂貴的葡萄酒，酒塞通常也更長，如果留一圈螺旋就起塞，幾乎就一定斷塞。如果你怕斷塞，最好螺旋全部沒入酒塞再拉起，鑽破酒塞頂多就是有一點軟木屑掉在酒裡，但斷塞要救可沒那麼簡單。

酒瓶軟木塞的壽命沒你想像的長。老酒的塞子很脆弱還會黏在瓶口，用螺旋鑽侍酒刀很容易把塞子鑽碎，根本不能起塞，所以要用AH-SO老酒開瓶器，用兩片金屬片把酒塞夾出來；超過十年的酒都可以考慮使用，超過20年的酒我是一定會用。使用AH-SO老酒開瓶器要記得不要直接拔塞，而是要一邊旋轉一邊拔出。另一個要注意的是年輕的酒就別用AH-SO老酒開瓶器了，你會把塞子推進酒瓶裡。

開一瓶螺旋蓋的酒也可以很有儀式感：不要直接轉瓶蓋，而是一手先握緊螺旋蓋「下方」，另一手握住瓶身「順時鐘方向」旋轉，即可開啟。

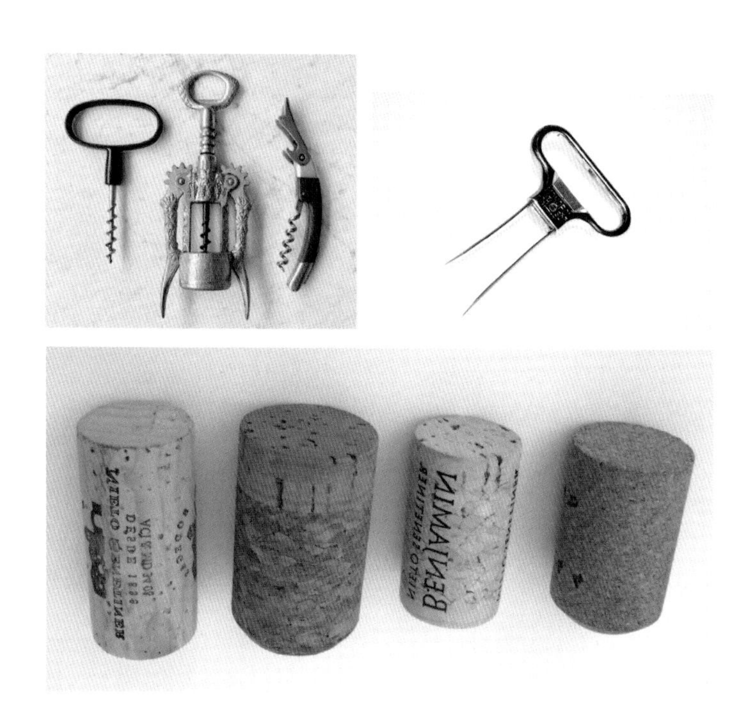

侍酒刀的不同設計會用於各種不同情況或材質的酒塞。（圖片來源：左上 | Kgbo, CC BY-SA 4.0。右上 | Martina Nolte, Creative Commons, CC BY-SA 3.0 DE。下 | Basilicofresco, CC BY-SA 4.0）

2-7

好酒杯是葡萄酒香氣的放大鏡與顯微鏡

有經驗的葡萄酒愛好者都知道好杯子的重要性。酒杯不僅是容器，良好的酒杯設計可以有效地展現葡萄酒的芬芳和靈魂。優質的酒杯不僅美觀且手感良好，透光率高，本身也是漂亮的擺飾品。優質的酒杯經過精心設計，能夠集中提升葡萄酒不同層次的香氣，並將酒液引導到口腔中最適合的位置。最重要的是，好的酒杯能讓平庸的酒在嗅覺和味覺上展現出更大的價值，因此值得多花點錢買個好酒杯。

杯子怎麼挑？

如何挑選好的酒杯？有兩個主要的考慮因素：第一，材質應該是無色透明的水晶玻璃（或具有相同效果的玻璃材質）；第二，重心設計良好，使用起來手感舒適。水晶玻璃具有較高的硬度和耐用性，並且透光率高，方便觀察酒的色澤。由於唯一會影響品酒體驗的是玻璃的厚度，因此酒杯的杯身可以設計得

↑ 優質的酒杯不僅美觀且手感良好，透光率高，本身也是漂亮的擺飾品。（攝影： Aline Aronsky）

更薄。杯口與杯身越薄，唇齒接觸時的感覺更為細緻，你將更親密地感受到酒液。因此，專業人士都避免使用有色或雕花的玻璃酒杯。重心設計也很重要，當你握著一個優質的酒杯，端著杯底或杯梗時，應該感覺它與手成為一體，沒有沉重或快要滑落的感覺。

現代的酒杯設計針對不同的酒款（如紅酒、白酒、氣泡酒等）、不同的陳年情況、不同的葡萄品種、產區，以及強調特定香氣（如木質、花香、果香等）的目的，設計了相應的酒杯，這讓購買者感到眼花繚亂。但如果你想購買人生中的第一個酒杯，何種酒杯更好呢？首先，你並不需要選擇太複雜的「設計款式」，只需確保杯身向內收口，在搖晃杯子時不會灑出酒液，並讓香氣能夠集中在酒液表面和杯口之間的空間中。為了提供足夠的空間讓香氣散發，建議首先購買中等大小（容量約250ml到350ml）的酒杯。我並不推薦購買國際標準杯，因為它的容量為215±10ml，並不算大。而且，在購買酒杯時不要只買單支，建議至少購買一對或一整套（四個或六個）。同時，不要丟棄附帶的原廠包裝，當你外出攜帶酒杯時會需要它。如果酒杯僅在固定地方使用，可以考慮購買容量較大的酒杯。

↑ 好的酒杯能讓平庸的酒在嗅覺和味覺上展現出更大的價值。
（圖片提供：RIEDEL台灣總代理-星坊酒業）

↑ 只需確保杯身向內收口，在搖晃杯子時不會灑出酒液，並讓香氣能夠集中在酒液表面和杯口之間的空間中。（圖片來源：William Lawrence, CC BY-SA 2.0）

看酒瓶選酒杯，百發百中不漏接

酒杯的基本設計大致分為以下幾種：笛形杯、波爾多杯、勃艮地杯。它們之間容易辨認，只要了解酒瓶和酒杯的形狀，就可以選擇正確的酒杯。

- 波爾多杯適用於波爾多瓶裝葡萄酒，不論是紅酒或白酒，也不分產區。
- 勃艮地杯適用於勃艮地瓶裝葡萄酒，不論是紅酒或白酒，也不分產區。
- 笛形杯適用於氣泡酒，不論是紅酒還是白酒，也不分產區。

只要觀察酒瓶的形狀，就可以直接找到正確的酒杯，不需要考慮其他酒的因素。無論其中裝的是哪個產區或品種的葡萄酒，杯子的形狀都由酒瓶決定，非常簡單明瞭。

同樣的杯型也有不同的容量大小。一般來說，使用較大的杯子品飲紅酒，較小的杯子品飲白酒。在餐廳，酒杯的形狀可能都一樣，依據酒杯的大小來服務紅酒或白酒。然而，你應該知道紅酒杯大、白酒杯小的觀念並沒有邏輯依據。但這樣的區分在餐廳服務上很方便，因為如果所有杯子都一樣，很容易將酒倒錯杯子。

靜態酒應該倒在酒杯最寬的地方，最多不要超過杯子的一半。
（左｜攝影：cottonbro studio。右｜攝影：Parnashree Devi）

使用酒杯時有個基本「規則」，酒應該倒在酒杯最寬的地方，最多不要超過杯子的一半。考慮到紅酒的適飲溫度，建議倒到酒杯最寬的地方，這樣香氣才有足夠的空間展開。對於白酒，可以倒得多一些，但不要超過杯子的一半，多一些的酒液可以保持低溫更長的時間。對於笛形杯，通常倒八分滿，這樣不容易失去溫度，同時也可以欣賞到閃耀的氣泡飛舞。

你不需要太多種杯子

儘管有許多種類的酒杯可供選擇，但這並不意味你需要為了品味不同的葡萄酒而購買各種不同的酒杯。專業人士的觀點是：不論是氣泡酒、波特酒還是雪利酒，最好使用與一般葡萄酒完全相同尺寸和形狀的酒杯來品味。我在參訪香檳區時與許多釀酒師一起品味香檳時，他們使用的都是一般的酒杯而不是笛形杯。我也擁有很多不同的酒杯，但無論品味哪種葡萄酒，我最常使用的還是同一種杯子。當我外出時，我喜歡攜帶無梗杯，無梗杯就是只有杯身沒有杯腳的杯子。

喔，對了，好酒杯都很貴，也很嬌弱。當你用上好酒杯與葡萄酒繾綣盡興一晚，就乖乖去休息吧，千萬別去洗杯子！我看過太多次酒後洗杯的慘劇，就是杯口撞上水龍頭，杯口是杯子最脆弱的地方，撞上一定會破。

2-8

量販和超市的十大選酒守則

超市量販店在葡萄酒發燒友之間是個風水寶地。不同於酒商代理的品牌，這裡的酒有很大一部分是廠商自主向生產者大量採購甚至「全包」某項單一商品，所以有價格的優勢，但這裡畢竟不是專業葡萄酒商店，沒有專業的保存環境，買酒的時候要多加小心。最簡單的做法是買「新上架」的酒，越是「新上架」的酒越安全。新上架不一定是新年分，也可以是在這個超市或量販店初次出現的葡萄酒。

To Be!

1 做功課

如果可以，盡量手邊有些資料，上網查也好，用手機APP也好，拿促銷DM也好，總之就是帶點可資參考的東西，最起碼這本書要帶著。

2 認得關鍵字

什麼都沒帶時，只好靠你「過人」的記憶力，不管是強過人還是差過人，有在喝的你多少也記一下酒標上有些什麼字，一點點也好。

3 Call Out 求救

有時酒都長得很像，大家都有城堡圖，大家都有寫Château，最好你有個懂酒的朋友可以call out求救，電話講講也可以解決一下，買到你不愛喝的就叫對方付一半，真是好方法！

4 找現場人員問

其實這招要看現場情況，如果對方不是酒品管理人員或是廠商駐點人員，風險就比call out更高。

5 漂亮瓶子或是有贈品

很奇怪的一點是：酒如果瓶子設計得漂亮，好像都還不錯喝。有些酒上頭會有小贈品，好像也都不錯喝。這一點未經科學實證，請斟酌使用。（最起碼賞心悅目有呷擱有拿）

Not To Be!

6 有積灰塵、酒標污損（所謂品相不佳）

品相不佳是管理不良的結果。葡萄酒怕熱怕震動，酒標如果褪色代表曬到太陽，生人勿近！酒標有磨損代表上下架管理不小心，這種酒我也不會買。

7 酒色不對勁

這點針對購買白酒。如果酒色有棕色的傾向，甚至有懸浮物，應該就是變質了。

8 溫度太高

超市都有空調，酒摸起來如果溫溫的，多半是因為燈光直射，少部分原因是空調問題，不管哪一種都不要買。

9 超過八年以上的酒小心買

超市畢竟不是專業的酒窖，年紀越大風險越高，我個人都買從這瓶酒出廠後六年內的酒（其實我覺得年分越新越好，買老酒還是去別家吧）。超過八年以上的酒。就算這款酒是新上架的我也會考慮再三。

10 牛頭不對馬嘴

去年的薄酒萊新酒！

↑ 瓶標上的得獎標貼有一定的參考價值。（圖片來源：Kam LAOU 312 332, CC BY-SA 4.0）

2-9

懶人選酒法：避開地雷的選酒攻略

如果你「完全」 不懂葡萄酒，又需要挑一瓶酒擋一下今天的飯局，還不想踩到地雷，建議你可以參考下列的說明度過難關。不過地雷處處有，多學多喝才是王道，下面的意見都不是百分百的答案，而只是歸納而得的經驗談。

【地雷指數10以下】

香檳與各種氣泡酒、德國的微甜白酒

既然是飯局，香檳就是不敗的選擇。不管今天吃什麼，香檳都可以搭得上，至少它是會前暖身的好飲料。如果考慮預算，各種氣泡酒，不管是干型還是帶甜，其實都可以。氣泡酒不太會有雷，頂多就是味道不太多，但是有泡泡飛舞就足以取悅賓客了，不是嗎？順帶提醒一下，氣泡酒瓶塞多半有個鐵絲圈綁著，認明鐵絲圈就是了。

另外我也推薦中價位簡單的德國白酒，德國的微甜白酒對於派對開場也是很有功效，帶有桃子與柑橘的香味，甚至對上熱炒或是簡單小點心都可以搭配得很好。

【地雷指數10-25】

羅亞爾河紅白酒、亞爾薩斯區紅白酒、西班牙紅白酒、義大利中南部紅酒

羅亞爾河與亞爾薩斯的酒在台灣的選擇不多，但這對消費者卻是好事，因為進得少所以都有挑過，價格也還沒被哄抬得太過分，我個人覺得這兩個產區在法國葡萄酒裡是完全被低估的。通常這兩個產區的橡木桶使用也都很節制，對於餐點搭配的自由度也就更強。羅亞爾河的紅白酒對應法式料理幾乎例無虛發，亞爾薩斯的紅白酒則是各種乳酪與火腿臘腸的好伴侶。

西班牙葡萄酒就像西班牙人的天性，樂觀知天命。西班牙的葡萄酒上市就是要讓你享受的，不是要你買回去慢慢等它變好喝，所以它多半一開瓶的果味及香氣就直接明顯，也不太需要花很多時間醒它。西班牙最出名的產區叫做里奧哈（Rioja），這裡的傳統風格會經過一段時間的橡木桶陳年，口感厚實一些，適合大部分的西班牙料理：比如各種做法的豬肉、有蔥燒或蒜味的料理、醬汁濃稠的燉煮料理（是不是很台，西班牙酒對台式豬肉料理真是絕配）。

義大利中部最出名的產區叫做奇揚地（Chianti），這裡的葡萄酒融合傳統與現代。畢竟這裡靠近教廷，很早以前就是葡萄酒的生產重鎮，口感稍偏酸，對於多油的肉品挺能協調。義大利南部（除了西西里島）的葡萄酒因為歷史與地區經濟的原因，多半價格更實惠一些，雖然使用很多念不出來的當地葡萄品種，但口感直接、濃郁，果香也夠，可能酸度會少一點，冰鎮再喝就可以。

【地雷指數25-40】

南非紅白酒、智利紅白酒、澳洲紅白酒

台灣市場對南非葡萄酒不太熟悉，進口數量也不那麼多，但與上述的羅亞爾河與亞爾薩斯一樣， 會進來台灣市場的幾乎都挑過。南非在低價酒區間競爭力其實很強，品項也包含大部分的國際品種，是我考慮價格時的首要選擇。

智利葡萄酒常給人便宜的印象，事實上這也是智利葡萄酒商對全球行銷的一大重點，透過極大化種植場區與機械化，可以全面降低成本。智利因為本吉拉涼流流經海岸，雨量很低，氣候穩定，這代表葡萄批次間的變異更小更受控。不過也因為商業園區太大，酒農很難好好照顧好每株葡萄藤，所以「生青味」一直是中低價智利葡萄酒的硬傷。

澳洲葡萄酒在台灣相當普及，但很多人不知道澳洲葡萄酒總種植面積大概就是法國波爾多與勃艮地的產區面積總和，其實並不很大。澳洲的葡萄酒產區集中在大陸南部的三分之一，這裡也是人口密集的地方。氣候穩定，日照強烈，所以葡萄可以完全成熟，酒質也因此更豐滿可人。如果是個簡單的飯局，澳洲酒基本上可以滿足大家對葡萄酒的想像。

【地雷指數40-60】

阿根廷紅白酒、紐西蘭紅白酒、南法紅白酒

台灣你可以買到的阿根廷紅白酒都不太會有什麼問題，列在較高的地雷指數是因為「價格」。相較於鄰居智利，阿根廷葡萄酒的確比較貴，但平心而論，阿根廷的中價位葡萄酒喝起來也的確比智利的有「高級感」，少了刺激的生青味，也更突顯阿根廷高山風土的果味。

紐西蘭紅白酒的情況與阿根廷一樣在於價格問題。紐西蘭人口少所以人力成本高，價格也低不下來，但紐西蘭官方在宣傳葡萄酒時使用的標語「Pure」卻可以很好的表達其個性。如果吃的是原型食物，或是比較安靜的場合，紐西蘭葡萄酒不失為好選擇。

南法的葡萄酒歷史悠久可以上溯羅馬帝國，這裡雨量較低，氣候相對穩定，所以葡萄要成熟或是強調果味都不是問題，問題在於這裡有很多不太用心的生產者，以及過多的產量造成的品質落差，市面很容易找到，但也就是因為選擇太多容易失手。

【地雷指數60以上】

波爾多紅白酒、勃艮地紅白酒、北義的巴羅洛、任何所謂的「名產區」或是「名酒」

波爾多產區太有名，市面的選擇也太多，所以濫竽充數的酒也很多。勃艮地紅白酒的情況有過之而無不及，勃艮地葡萄酒的炒作已經來到人神共憤的程度。價昂量稀的義大利巴羅洛（Barolo，還可列入巴巴萊斯科〔Barbaresco〕）也需要相當的知識與經驗才能分辨好壞。同理，越有名的酒款與產區就容易唬弄人，除了波爾多與勃艮地，北加州的納帕（Napa）與索諾瑪（Sonama）你也要小心一點。總之，越昂貴的酒越需要做功課，也許你會想這麼貴的酒怎麼會難喝？但請相信我，越貴的酒脾氣也越大，需要你全備的知識、技巧與耐心才能喚醒它的全貌，如果只是為了一場簡單甚至「不得已」的局，還是找些賓主盡歡的酒更好一點不是嗎？

GANCIA
CARPINETO
OSBORNE
PORTO
AMARONE

Beaujolais
BEAUJOLAIS
NOUVEAU
En jules we trust

Penfolds
BIN 150

2-10

我的酒壞了嗎？

上課次數多，參加的活動與比賽也多，我常常遇到酒質變異（壞掉？）。但在專業領域中，這件事是有定義的，你覺得不好喝甚至整桌人覺得不好喝都不等於酒壞了，因為「不好喝」是主觀的認知，變質卻有客觀的證據。酒有沒有壞，要真的開了倒出來評測才能最終確認。

什麼情況不是真的壞掉，或者說那些你觀察到的現象不見得是壞掉呢？

● **瓶口軟木塞發霉**：去除酒封後看到瓶口酒塞上面發霉，你會有疑慮也是正常的，但我們先了解兩件事實：第一是黴菌生長需要氧氣，所以通常黴菌只會在接觸空氣的地方生長，不會向缺氧的瓶內發展；第二是葡萄酒良好的保存溫度大約是12至15度，溼度大約70%，這樣的環境也很適合黴菌生長。你若有機會參觀酒廠存酒的酒窖（不是釀造時的工廠），牆壁多是一層厚厚的黴，我甚至看過長出白色菌菇的。很多酒廠都會認為酒窖的黴是有益於陳年或是風格，並不會去處理它，甚至不希望有人去動它。所以瓶口軟木塞發霉，其實也代表存放葡萄酒的環境是良好的，我會認為是某種「保證」。但是瓶口軟木塞發霉，取出的瓶塞又「同時」有「不正常」的碎裂、溼黏、黴菌已深入酒塞，甚至有異味，那當然不妙。

● **有酒渣**：直接講結論，「會沉底」的酒渣對我而言也算是購買信號，紅白酒皆然。幾乎所有的靜態紅白酒在裝瓶前都會有一段「低溫穩定」期，簡單來說就是將已經混合完成的酒在接近零度的大槽放一段時間，這時酒裡的固態物會自然下沉。低溫也會促使某些物質析出並沉澱，之後再裝瓶，所以新裝瓶的酒是沒有固態沉澱物的，酒標上標示「未澄清unfined」或是「未過濾unflitered」一樣如此。瓶裡的酒渣都是裝瓶後產生的，成分來自酒中本來就有的物質，紅酒的酒渣是單寧、顏色與酒石酸鹽的混合物，顏色偏褐偏深，從小顆粒到像指甲一樣大的片狀酒渣都有可能；白酒的酒渣是透明的，多半是酒石酸鹽的析出結晶，這些物質的存在對酒而言並無壞處，反而應該說酒中上述物質的含量高才會出現。傳統葡萄酒酒渣最多的範例是年分波特酒，酒渣會多到把塞子都黏住，但沒人會說這麼多渣是壞掉的酒。「渣男渣女要遠離，渣酒可貴要珍惜。」

● **有混濁**：以前，酒色混濁被認為是變質，而在自然酒風行的現在，混濁已經不一定是變質，更可能是釀酒師故意的，所以不能因為酒色混濁就判定酒壞了。不過標示傳統產區與分級的葡萄酒通常不應該會有混濁，比如Bordeaux Grand Cru Classé與Bourgogne Premier Cru。

● **酒聞起來有溫泉味或是白煮蛋的味道**：這種味道來自硫化物，葡萄酒中的硫化物通常來自於釀造的化學反應與合法添加物（二氧化硫），相關種類眾多，同時人類又可以聞到極低量的硫化物，所以聞到溫泉味或是白煮蛋的味道也很常見，通常讓酒接觸空氣一陣子就會散掉（等待的時間順便醒酒），但若氣息太過強烈壓過果香，或是怎麼晃杯都無法散去，則會視為缺陷。

● **聞起來有刺鼻的酸味**：葡萄酒的pH值一般都在3.1-3.8之間，同時含有酒石酸鹽，其實已經很酸了，不過酸度高與酒石酸鹽多都不會讓你聞到刺鼻的酸味。刺鼻的酸味我們稱為揮發性酸（Volatile Acid，簡稱VA），如果刺鼻感不致壓過葡萄酒其他風味表現，你倒是可以當做是葡萄酒風味的一部分。但與硫化物一樣，若氣息太過強烈壓過果香，表示酒中其他微生物（通常指的是醋酸菌〔Acetic Bacteria〕）不正常繁殖，可以判定為壞掉的酒。但這種情況在各個標準產區最近愈來愈少見，會有刺鼻酸味的常常是自然酒。

● **聞起來有糞便味**（我很不想這樣說明，但我找不到更好的說法）：這味道通常來自於吲哚，低濃度的吲哚是花香味，但高濃度的吲哚卻是糞便味。這有兩種可能性，其一是酒香酵母Brettanomyces（簡稱為Brett）的作用，釀酒葡萄上有非常多的微生物與細菌，但與釀酒正相關大概只有5%，Brett屬於剩下的95%，Brett雖然稱為「酒香酵母」，但其發酵結果卻不是釀酒師期待的。一款剛出廠的葡萄酒出現了糞便、林地土壤、獸欄、淋溼的流浪狗這一類的味道，大概就是因為Brett。第二種情況是葡萄酒陳年發展後出現的風味，描述為動物毛皮味、林地土壤、獸欄味，這就不是壞了而是正常的發展（有種說法是優質的勃艮地老紅酒都有糞便味，以我的經驗還真的常常是）。

如果是年輕的酒，你同時要感知果香是否仍然明確，Brett的味道是否過強以致你無法感知其他香氣，如果果香仍然鮮活就不算是壞了（不好意思，我個人這樣認為），如果你只聞到「臭味」，不管是因為Brett還是陳年，至少我認為這酒已不值得喝（畢竟葡萄酒是水果酒，葡萄酒沒有果味等於失去靈魂）。

仔細看，上述的四五六項都提到「沒有壓過果香／果香仍然鮮明」，這是判斷酒質的一大重點。如果果味仍然鮮明活躍，其他味道都可以視為了解製程的一部分，或是增添複雜度與品飲樂趣的「點綴」或是「調味料」。

但你在開瓶前的確要小心一些警訊，這些警訊代表「壞掉」機率很高。

上 | 有酒渣不是壞掉了。（圖片來源：Monica Yichoy, CC BY 2.0）
下 | 酒渣不一定是顆粒狀，也有呈現這樣一整片的，這代表葡萄酒應該有很長一段時間沒有搬動。

● **酒塞凸出**：有兩種可能性：第一是儲藏環境過熱，瓶內空氣受熱膨脹推出酒塞；第二是酒曾經結冰體積膨脹推出酒塞。不管哪一個都不是好事。

● **水位不正常下降**：和烈酒一樣，瓶裝葡萄酒也會蒸發，但正常的蒸發非常緩慢，日常喝的葡萄酒基本上不該出現。而且你花一樣的錢，沒理由買瓶內容物比較少的不是嗎？

● **酒封、酒瓶或酒標有酒液污染**：會這樣當然是因為酒漏出來了，酒會漏要麼是因為塞子出了問題，要麼是儲存過程出問題。購買日常用酒遇見這種情況我會直接跳過，不管價格多麼甜。

什麼是「壞掉」的酒？簡而言之就是遭到雜菌感染與過度氧化的酒，造成此兩者的原因眾多，主要是以下列出的情況：

● **黴菌污染／黴味**：因為受到黴菌污染，酒中出現像是潮溼地下室、溼髒的抹布或是溼紙板的味道，同時酒中的果香消失，這樣的酒我們會說它corked了。不過corked一詞不太精確，葡萄酒的黴菌污染大概八成是cork軟木塞的問題，剩下的兩成則來自酒廠裝瓶管線的問題。黴味最可能與2,4,6-三氯苯甲醚相關（2,4,6 trichloroanisole, TCA），TCA在大多數情況是從軟木塞轉移而來的，天然軟木塞是由栓皮櫟的樹皮削製，自然環境中樹皮會沾染真菌、黴菌或某些細菌，這些菌與含氯化學物（氯是常見的殺蟲劑或殺菌劑成分）接觸後會形成 TCA，裝瓶後使得酒汁也被污染。一千個標準游泳池容量的葡萄酒只要一茶匙的TCA，人類就可以感知污染，可見其影響程度。TCA還會抑制人類的嗅覺傳導，意思是除了黴味，你對酒汁的果香感知也會變弱。不過受TCA污染的酒不會危害人體，真的喝了也不必太擔心。

你會看到有些人開瓶之後會去聞軟木塞（接觸酒的那一邊），這就是在判斷酒有沒有遭到污染。如果軟木塞已被污染，當然會有黴味，酒汁接觸有黴味的軟木塞也當然會出問題。

● 不正常的氧化（過度氧化）：瓶中的酒其實一直在接觸氧氣，酒汁本來就溶有氧氣，裝瓶時也會帶入一些空氣，軟木塞也會讓非常微量的氧氣滲入。這些微量的氧氣讓酒汁以很慢的速度進化風味，並且會柔和結構，整合酒款表現。然而過多的氧氣或過快的氧化，卻會讓酒未發展完成就已老去，果香變得像放得太久的水果，色澤與口感都被破壞，情況更糟時酒還會有令人不快的鏽味。

● 酒被「熱到」：在我品酒經驗中最常遇見的問題。過熱的儲存環境（超過20°C就算是了），像是台灣夏天沒有空調的室內，不必太久葡萄酒就會出現變質，這也就是為什麼寧願你把酒放冰箱的原因，而且這是不可逆的。被「熱到」的葡萄酒等同於把葡萄酒拿去煮過，首先受損的是果味（果汁煮過就不是原來的味道了）；再來是因熱加速氧化與其他不良的化學變化；第三是瓶內空氣受熱膨脹也可能導致塞子的密封性被破壞。過多氧氣進入使氧化加速，造成「不正常」的風味：果味疲乏、有奇怪的「甜香」、口感失去層次、餘韻減短甚至消失。這一點可以觀察酒塞是否凸出，以及是否漏酒來判斷，但不代表酒封酒塞正常就沒有問題。

你要知道，酒壞掉是漸進的過程，一瓶酒不可能前一秒甜美可人，下一秒惡不可聞。所以很多人都喝過輕微變質的酒卻不自知，你可能覺得果香少一點或是口感短一點，不知道它其實壞了。反之，不管這瓶酒還有哪些令人疑惑的風味，只要明確的果香仍在，就不必太過擔心。

CAYMUS
2004
CONCHA Y
The
RESERVE

↑ 圖片來源：Dave Minogue, CC BY-SA 2.0

葡萄酒的必備知識

數千年前還沒有文字的時候，人類就已經在享受葡萄酒了。我們現在喝的每滴葡萄酒都是時光的積累。那些今天看似理所當然的事，在千百年前卻並非如此。比如，百年前甜酒才是王道，一瓶香檳甚至可能有三分之一都是糖！早期波爾多名莊的釀酒師最愛用的不是法國桶，而是波羅的海的橡木桶。歷史上的葡萄酒充滿了驚奇和趣味，了解這些故事，不僅增添不同層次的品飲樂趣，還是酒桌上的好話題。

3-1

葡萄酒的時間簡史

公元前7000年	在中國發現發酵蜂蜜／米／水果殘渣的酒類考古證據。
公元前5000-4000年	埃及開始釀造葡萄酒，最早的考古證據來自阿比多斯的陶罐。
公元前4100年	目前發現最古老的釀酒廠遺址，位於亞美尼亞。
公元前3100年左右	埃及第一王朝開始，葡萄酒成為皇室和貴族的飲品。
公元前3000年左右	埃及人開始在尼羅河三角洲種植葡萄。
公元前2050-1800年	埃及中王國時期，葡萄酒生產技術進一步發展，開始使用葡萄榨汁機。
公元前1500年左右	埃及新王國時期開始，葡萄酒生產達到頂峰，成為重要的出口商品。
公元前1500-300年	腓尼基人將釀酒葡萄傳播至地中海；並在安達魯西亞地區種植葡萄。
公元前1000年左右	埃及葡萄酒開始大量出口到地中海其他地區。

公元前1000年左右　古希臘人大量飲用葡萄酒，並會在葡萄酒中加入松脂、水、蜂蜜、藥草、果汁甚至海水。

公元前340年　亞里士多德品嘗黑葡萄酒。

公元前70年　羅馬作者老普林尼說in vino veritas（酒後吐真言）。

公元0年　耶穌在迦拿婚宴將水變酒。

公元1至4世紀　羅馬人進一步拓展種植區域。一世紀葡萄樹遍布南法隆河谷地；二世紀時則是勃艮地和波爾多；三世紀時是羅亞爾河谷；最後在四世紀時出現在香檳區和今日的德國摩澤爾。

392年　基督信仰成為羅馬帝國國教，開始正式建立教會與修士釀酒的傳統。

476年　西羅馬帝國滅亡，歐洲進入黑暗時代。

587年　貢特蘭國王首次將葡萄園捐贈給勃艮地教會。

8世紀　阿拉伯穆斯林入侵歐洲，引入蒸餾技術。

862年　現存最古老且仍在運作的釀酒廠德國Staffelter Hof成立。

910年　天主教本篤會在勃艮地成立克呂尼修道院，成為勃艮地最大葡萄園擁有者。

1000年　法國最古老且仍運作中的酒廠Château de Goulaine建成 。

1098年　修士伯納杜方丹從本篤會叛逃，在勃艮地的伯恩市附近成立天主教熙篤會。熙篤會的苦修修士會在葡萄園仔細品嘗土壤的味道，分辨地塊好壞，畫出田地界限，保證葡萄品質堪當聖禮使用，也是今日勃艮地一級園與特級園的起源。

11世紀　香檳區葡萄酒與勃艮地葡萄酒競爭激烈。

1152年	阿基坦的埃莉諾嫁給亨利二世，波爾多葡萄酒正式開始對英國貿易。
1223年	法國國王首次於香檳區漢斯主教座堂舉行加冕典禮，此傳統持續到1825年，歷任25位國王。
1336年	熙篤會創建勃艮地最大的石牆葡萄園Clos de Vougeot。
1386年	英國與葡萄牙簽訂溫莎條約，建立同盟關係。
1395年	勃艮地公爵「大膽菲利普」頒布法令，禁用佳美（Gamay）品種葡萄釀酒。
1453年	第一次英法戰爭結束，法國收復阿基坦，並中斷與英國的貿易，包括波爾多葡萄酒。
1492年	西班牙從格拉納達驅逐穆斯林，收復整個伊比利半島；赫雷斯的雪莉酒開始出口。
1492年	哥倫布發現新大陸。
1519年	麥哲倫環球航行，他大量購買雪莉酒，從此雪莉酒成為長途航行必備品。
1530年	葡萄牙和西班牙將歐洲釀酒葡萄帶到新大陸。
1587年	英國從西班牙加的斯劫掠大量雪莉酒帶回英國。
1588年	英國擊敗西班牙無敵艦隊，確立海上霸權；雪莉酒在英國大受歡迎。
17世紀	荷蘭、漢薩同盟和布列塔尼成為波爾多葡萄酒的主要市場；勃艮地教會權力減弱，葡萄園開始出售給資產階級：匈牙利記載以貴腐葡萄釀酒。
1670年	波爾多一級莊Château Lafite種植首批葡萄園。

1678年　英國商人在葡萄牙杜羅河上游發現早期波特酒。

1689年　第二次英法戰爭爆發，促使英國轉向葡萄牙採購葡萄酒。

1693年　法國修士唐佩里儂（Dom Pérignon）致力改良香檳區釀酒技術。

17世紀末　英國資金大量湧入葡萄牙，波特酒生產者在加亞新城（Vila Nova de Gaia）建立倉儲及碼頭。

18世紀　波爾多擴大葡萄種植面積；香檳成為上流社會寵兒；夏多內葡萄引入勃艮地；法國道路改善，促進勃艮地葡萄酒貿易；雪莉酒和波特酒的標準樣貌逐漸確立。

1703年　英葡簽訂梅休因條約，進一步鞏固葡萄牙作為英國主要葡萄酒供應國的地位。

1709年　法國採用英國高溫玻璃風爐技術製作堅固的酒瓶。

1720-1730年代　勃艮地首批酒商（Négociant）成立。

1750年　德國Schloss Johannisberg開始釀造貴腐酒。

1752年　葡萄牙波特酒（Port）產區劃定。

1756年　葡萄牙首相龐巴爾成立上杜羅葡萄酒農業公司，劃定杜羅河谷產區。

1789年　法國大革命，深愛香檳的皇后瑪麗安東尼步上斷頭台。

1791年　法國大革命後，勃艮地教會被迫將葡萄園分割出售。

1800年　美國開國元勛及第三任總統傑佛遜大量收集優質葡萄酒。

1812年　拿破崙在俄國戰敗，Veuve Clicquot香檳在俄國大賣。

1830年　有記載說明法國蘇玳區（Sauturne）開始釀製貴腐酒。

1836年　法國藥劑師弗杭蘇瓦（André François）確立香檳加糖量的準確計算方式。

↑ 澳洲Lindeman's酒莊的橡木桶裝置藝術。

1855年　法國拿破崙三世舉行巴黎世界博覽會並公布波爾多1855分級；科學家拉瓦（Jules Lavalle）出版勃艮地葡萄園非官方分級。

1861年　勃艮地博恩農業委員會正式公布葡萄園分級。

1870年　根瘤蚜蟲毀滅法國75%葡萄園。

1920年　美國禁酒令（Prohibition）開始，史上最反效果的禁令。酒精消耗不減反增，還造成私酒猖獗黑幫盛行。

1930年代　美國經濟大蕭條影響葡萄酒產業。

1936年　法國國家品質管制局（INAO）實施AOC（Appellation d'origine contrôlée，法定產區命名制度）法規。

1939-1945年　第二次世界大戰對歐洲葡萄園造成嚴重破壞。

1964年　西班牙水果酒桑格麗亞（Sangria）引入美國，盒裝葡萄酒發明。

1975年　《醇鑒》（*Decanter*）於英國創刊。

1976年　英國葡萄酒專家史普瑞爾（Steven Spurrier）舉行「巴黎審判」為日後的葡萄酒競賽賽制奠定基礎；《葡萄酒觀察家》（*Wine Spectator*）創刊。

1990年代　美國的膜拜酒（Cult wine）開始興起。

2008年　酒評家帕克（Robert Parker）為自己的鼻子投保100萬美元。

2010年　蘇富比拍賣Château Lafite 1869在香港以233,972美元成交。

2018年　蘇富比拍賣Domaine de la Romanée-Conti 1945以558,000美元成交。

3-2

釀酒葡萄的泛科學

如果你認為釀酒葡萄與平常市場上可見的食用葡萄差不多，那你就錯了。優良的釀酒葡萄，顆粒大概和珍珠奶茶的珍珠差不多大，皮通常比較厚，糖的含量可以到達漿果重量的三分之一，是最甜的水果之一。直接吃雖然甜美，但也會讓你感覺渣多肉少，口感遠遠不如市場熱賣的巨峰。但也因為釀酒葡萄的這些特點，我們才能享受到釀造後的千變萬化。

釀酒葡萄到底有多少種，沒人能給出準確的答案，有一本說明釀酒葡萄的大部頭參考書列出了1368種，實際上還更多。但你不必知道那麼多，主要的紅白葡萄各認識十種，已經足以涵蓋市售六成以上的葡萄酒，紅白葡萄若各認識30種就已經非常足夠了。

葡萄酒的主要生產地帶，大概是南北緯的30度至50度之間。以北半球為例，三四月萌芽，五六月開花結果，八至十月採收，採收後葡萄就逐漸落葉進入冬眠。三四月萌芽最怕的就是霜害，新芽如果凍死了，一整年的收穫也沒有了。開花時怕下雨，因為下雨會使授粉不完全，果實會發育不良。採收前也怕

↑ 冬季時葡萄樹會進行剪枝。（圖片來源：Dupont66, CC BY 4.0）

下雨，葡萄的風味會稀釋掉。其他的氣象災害一樣會損害收成品質，天氣變化也影響各種病蟲害與感染。這就是為什麼葡萄酒很愛談年分，因為每年的天氣不同，果實的品質就不同，做出來的酒就有品質高低。

釀酒葡萄並非嬌弱的植物，事實上若土地的養分與水分充足，釀酒葡萄就會「瘋長」，葉子與觸鬚會舖天蓋地，這卻造成果實風味不足。所以生產高品質釀酒葡萄的地方，土壤都比較貧瘠，植株的生存壓力大會迫使它繁殖，將養分向果實轉移。常見的土壤如：石灰岩、礫石、白堊土、花崗岩等都很貧瘠，不太能生產糧食作物，卻很適合生產高品質釀酒葡萄。水分也不能多，顆粒太細的土壤會積存太多水分，也不好。

為了提升植株健康、方便管理與採收，酒農會「規畫」葡萄園的布局：考慮日照角度決定行列方向、考慮雨量及水分供應決定種植密度、順應葡萄爬藤的特性使用支架與鐵絲「培型」、適當修剪保持植株通風防止蟲害與病害、冬天葡萄休眠時要「剪枝」控制來年的生長與產量。許多優良葡萄園都在山坡向

↑ 葡萄園在平時也要管理修剪。（圖片提供：莎祿股份有限公司）

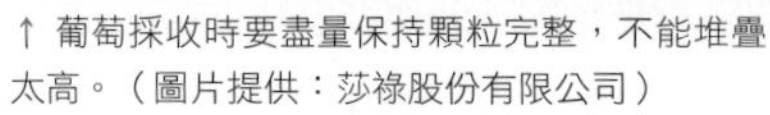

↑ 葡萄採收時要盡量保持顆粒完整，不能堆疊太高。（圖片提供：莎祿股份有限公司）

陽處，坡度利於排水、山坡上日夜溫差更大，白天光合作用產生的養分可以在冷涼的晚上被葡萄有效保留，成為將來的品質儲備。

許多優良的葡萄園位在山坡上，山坡葡萄園具有數個優勢。首先山坡地的排水比平地更加有利，可以避免一些潮溼帶來的病害；第二，山坡葡萄園經過規畫，其座向可以爭取更多日照，葡萄可因此獲得更多能量；第三，山區的日夜溫差更大，夜間的低溫可以讓葡萄好好「休息」，不再消耗白天光合作用的營養，有益於葡萄累積更多風味物質。法國葡萄酒的產區名稱常常出現Côte這個字，Côte意思就是山坡或山丘，也在「暗示」葡萄酒的品質較好。

歐亞文明的葡萄栽植與釀酒的歷史長達八千年，因為非常多的因素，釀酒葡萄成為歐洲主流，並且人類為了美飲佳釀，仍不斷馴化它。美洲也有葡萄，相對於歐洲葡萄，它耐候性強，也能抵禦多種病蟲害，特別是根瘤蚜蟲。根瘤蚜蟲在19世紀從美洲傳入歐洲，歐洲的釀酒葡萄完全無法抵抗，所有產區的葡萄幾乎死絕。解決的方式是用歐洲葡萄的枝條嫁接美洲葡萄的砧木，一百多年過去了，人類除了嫁接沒有其他方式防治根瘤蚜蟲。現今的葡萄酒主力生產國是不允許在葡萄園以種子種植／扦插繁殖釀酒葡萄，每一株葡萄樹都必須先完成嫁接才能種在園中，這個「規定」在我們有生之年恐怕不會再有改變。

人類馴化釀酒葡萄及長期的釀酒實踐過程中，會發現特別優秀的葡萄樹，為了可以永遠獲得它的果實，會不斷「複製」它。釀酒葡萄很耐命，隨便剪下枝條插入土中都可以活，這棵新葡萄樹的基因自然與原來的葡萄樹一樣，所以你看到的葡萄樹都不是用種子種出的，而是用枝條「克隆」 的，因為種子與母株的基因並不完全相同。

葡萄樹的壽命與許多因素相關，最大因素是年雨量，通常雨量低的產區葡萄樹的平均壽命更長。波爾多與勃艮地的雨量比較多，葡萄樹平均壽命約35至40年，西班牙大部分產區雨量都很低，活過60歲的葡萄樹稀鬆平常。大齡葡萄樹不會馬上枯萎，但水果的產量會越來越少，一些生產者會定期拔除並補種以維持產量，也有一些生產者會繼續維護。健康的老藤，葡萄雖然產量低，但果實品質更好，就好比老欉文旦一樣：產量少，果實小，味道卻更好。但「老藤」除了澳洲巴羅薩產區以外，是沒有定義藤齡的，可能是30年也可能是80年，很多時候「老藤」只是個行銷用語。

過去，人類沒有意識到化學肥料與殺蟲劑對土壤的傷害，長期仰賴這些便宜高效的藥品，「產量優先」，扼殺作物以外的一切生命，這不僅是釀酒葡萄酒栽植的問題，而是全球各種經濟作物面臨的共同問題。當品酒一事越來越以「風土」為品質的依歸，當大自然的反噬已成日常，以保護土壤生態系為主的種植方式才慢慢興起。

右｜葡萄以人工採收時要計算人力與時間，保證在一定時間內完成採收（通常是中午前），並立即轉移到酒廠。（圖片提供：莎祿股份有限公司）

如今，眾多酒廠都改以「有機栽植」、「可持續性栽植」、「生物動力法栽植」為生產方式，降低或不再使用化學藥品，考慮能源回收與永續發展而不只追求產量，看重葡萄園整體生態系而不是只葡萄長得好，願意損失葡萄產量換回更豐富健康的生命循環。「生命優先」的栽植方式最終在酒中會得到回報，這裡的生命是健康的葡萄藤，是土壤裡多元的菌群、昆蟲與蠕蟲，是園中各式各樣的其他動植物，也是看不見卻在風味中至關重要的環境微生物種群（當然也包括酵母菌）。

我們很難用化學測定方式說明用藥與不用藥的酒質差別，但人的感官是可以察覺品質差異的。全世界最昂貴珍稀的葡萄酒廠都已轉向有機生產方式，品質從未因此衰退，反而日臻化境，現在我們喝的葡萄酒正處於有史以來品質最好的時候，除了技術的成長，我相信「回歸自然」也是其中重大的原因。

決定何時採收可以說是葡萄酒釀造過程中最重大的決定，收穫時漿果的化學成分很大程度上決定了最終葡萄酒的表現。除了各個不同品種的先天特徵之外，葡萄的成分不僅控制著最終的酸與酒精度的平衡，還決定果實上的微生物活性將賦予葡萄酒的各種變化與感受。漿果成熟過程中主要監測的是糖和酸的含量。漿果中的糖分積累始於Véraison（法文形容葡萄從綠色轉為紫紅色，開始產生甜味），並持續到最終成熟。過去，採收時間是由果實的糖度來決定，這點與其他水果一樣，通常糖度達到巔峰時，也是果實的香味風味的巔峰。近來氣候暖化的影響，許多產區都面臨果實過度成熟的情況，加上人們都越來越了解葡萄酒的風味除了糖分還有其他物質的影響，所以農人還會測定這些糖分以外的物質是否成熟，特別是紅葡萄酒的顏色與單寧（酚類物質與花青素），通常糖分成熟會先於其他風味物質的成熟。我們雖然可以測量各種化學物質，比如使用折射計測定糖分，或是在實驗室測量pH值，但最重要的仍然是葡萄的味道。因為最終還是香氣和風味決定葡萄酒的品質，所以以感官來評估葡萄

上｜葡萄採收後要盡快送到酒廠，所以採收不是只考慮葡萄園的人力。
中｜人工採收葡萄時通常工人就會先篩選合適的葡萄。
下｜葡萄不能被壓破，所以籃子沒有裝滿。（圖片提供：莎祿股份有限公司）

的品質是有實質意義的。農人經常在採收前兩週左右密集的「樣本檢驗」，沿著田裡吃葡萄，感受風味的變化，及早安排採收日需要的人手與器材，尤其要試著咬碎葡萄籽，如果葡萄籽可以容易咬碎，就代表整體成熟了。有些農人也會透過觀察葡萄梗，梗若從綠色柔軟變成棕色且乾燥，也是成熟的信號。

葡萄一般於清晨採收，在加州則更常於夜間採收，盡量保持低溫以保持新鮮的風味，也要盡快進廠開始釀造。若產區法規沒有規定，農人可以人工採收也可以機械採收，但某些產區法規的確會規範僅能手工採收。你會很容易認為人工採收比機器採收的品質更好，可是使用機器或是僅憑人力常常並非只為了品質，比如有些山坡葡萄園地勢陡峭，想用機器也不可能，所以採收方式對於葡萄酒的最終品質並非決定因素。而且不管是哪一種方式，葡萄進廠的第一件事就是篩選去除雜質，像是葉子或品質不佳的葡萄，篩選後才能進入正式的釀造程序。

葡萄酒的品質來自於葡萄，偉大的葡萄酒必然來自偉大的葡萄，這就是農人在葡萄園的工作目標。

↑ 陡峭的葡萄園只能以人工進行採收。（圖片提供：莎祿股份有限公司）

3-3

葡萄酒的「品質」：從科技、研究、分析與數據來談釀酒的各個主題

品質兩字輕描淡寫，人人可以說嘴，你可以用各種角度表達你認為的品質好壞：包括品牌、價格還有分數等等。

但讓我們公平一點，葡萄酒喝進嘴裡，沒辦法讓你叫好連連，至少要讓你眉頭舒展嘴角上揚，感受不應該是你因為「看到」了標籤，而是因為你真的喝到滿意（說一支你沒喝過的酒味道如何超凡入聖完全是詐欺）。人類口舌的喜好來源一是本能、二是經歷：本能比如甜比酸好、香比臭好，動物都是用味道判斷食物可不可吃好不好吃；經歷則如初戀情人身上的馨香或是一切跟隨童年美好記憶的味道。上述僅部分解釋了不同人對同款酒的不同感受，但這其實遠遠不足以完成對品質的論述。至少經歷是人人不同，故同一款酒對你而言可能就還不錯，對另一人卻像是一記靈魂重擊。換句話說：你們給的「品質」判斷不同。

↑ 永續經營的耕作方式不只是生產葡萄，也代表重建完整的生態系。（圖片提供：富邑葡萄酒集團）

↑ 加州Diamond Mountain產區的Sterling酒莊。（圖片提供：富邑葡萄酒集團）

葡萄酒評論者在下判斷的時候會遵循一些規則，這些原則與邏輯並不是要炫耀知識，而是用共同的規則標準去描述與評估一支酒，同時用這個規則標準與所有人溝通，不同人在運用標準時容或此起彼落各有優缺，但總是在一個邏輯上。問題就在於這裡：判斷葡萄酒品質的「標準」、「原則」與「邏輯」到底是什麼？我們可以從一些事實開始討論，葡萄酒的「事實」是可以觀察或量化的，至少那些出現在瓶標上的資訊就是：比如年分、酒精度、酸度、pH值、品種、用桶方式等；另一些人類的感知我們或可稱為「因素」，特別指的是「風土條件」以及釀酒師的「釀造哲學」：比如土壤類型、葡萄在不同的生長季均溫與雨量分布、種植密度、「老藤」、酵母類型、發酵溫度控制、陳年

左上 | 去梗Destemming：將葡萄串上的梗去除只留下漿果顆粒。
右上 | 大型不鏽鋼儲存槽可用於發酵也可用於陳釀，是大型酒廠必備的器材。
右下 | 酒莊裝瓶產線是酒質最終把關之處，衛生條件是重中之重。
（圖片提供：富邑葡萄酒集團）

容器與混調模式等。釀酒師在葡萄園的工作是要得著好葡萄（所謂好葡萄完全可以從生化角度探討），採收後在酒廠進行釀造時要將「因素」帶入酒中，酒於是可以飲用與感受，酒也可以偵測上述的「事實」。

我們對葡萄酒品質的感知顯然取決於我們的感官，但當我們研究這個問題，發現對葡萄酒品質的任何定義，都需要考慮人的感官因素：偏好、感知、經驗和期望等因素。所有這些都會影響我們對葡萄酒品質的討論，因為每個因素都會對我們處理感官資訊的方式產生重大影響，從而改變對葡萄酒品質的整體感知。

我們在喝酒時觀色、聞香、品嘗都是先找到「事實」的印證，酒色淡麗或鮮豔代表年輕、香氣濃甜代表產區溫暖或某種葡萄的特有香氣，口舌生津代表酸度充足。再由這些「事實」印證再來推演「因素」：單寧是否成熟、陳年是否受控、葡萄園是否枝葉控制得當、是否符合產區風格等等。到這裡都還是「推理」而不是「感動」，不過這同時解釋了為何盲測時有人可以「猜」得那麼準。

左｜大型酒廠的產線通常會以易於清潔保持衛生為要件。（圖片提供：富邑葡萄酒集團）

接下來才是個人的感受，也就是酒評家常常用的那些字詞：細緻、優雅、微妙、有光澤、和諧、完整、複雜、純淨。這些都是「形容詞」，很難量化也很個人。一般來說：缺少經驗的飲者很容易忽略「事實」與「因素」的關聯與辯證，而直接跳到個人喜好與感受；但專家必須由客觀「事實」出發，以邏輯推演「因素」。但不管是誰在喝，葡萄酒的最終評價都又回到私人的好惡，回到人類的感官感知能力Sensation。科研領域對人類的感官感知研究仍然處於初步階段，對感官如何引發大腦的反應仍然有太多的未知。也許這樣更好，量化酒所引發的強烈情緒實在太不浪漫：那些畫面感、音樂感、愛與希望、回憶與感動，何嘗不是獨屬於飲者最深處的心聲與靈魂。

事實證明，對葡萄酒成分的生理感知在人類中並不是完全一樣的。這裡最初的觀點是，人類有大量與氣味接收相關的個體基因。通常這些基因中的每一個都有多個版本或等位基因。我們對特定刺激物的個體反應可能會有很大不同，這也是事實。個體之間對特定化合物的敏感性可能完全不同……我們感知葡萄酒的能力存在很強的遺傳因素。純以人類生理學的角度來看，我們每個人對葡萄酒的感官知覺都會略有不同，更直接的說，我們每個人聞到和品嘗到的都不是同一種東西。受過訓練的經驗品飲者，會以專業與知識擴張自己對「事實」與「因素」的辯證能力：參訪產區、研究種植與釀造、大量品飲並寫品飲筆記、研究化學地理歷史等。當有足夠的客觀知識累積，其所得的主觀品質評價也將更為真實，也就更具價值了。素人與專家最大的差異也在於此。

有句名言這麼說：「請用文明說服我」。所以品質並不只是說出你的感覺與主觀，亦更要與「普世價值」有所交集。從「事實」到「因素」，從「因素」到「感動」，葡萄酒的品質從來都是理性與感性的拉鋸，缺一不可。很多葡萄酒產區公會都有個實驗室，蒐集分析葡萄酒的生化數據，同時有人員品試從感官評估做最終品質判定；酒評家的意見也是如此，這樣的「品質宣告」公認並不只是賣名氣，而是專業使然。完全可以「說服」人。

學習正確的評估方式就好像是紮馬步，我們以此思考為什麼我喜歡或討厭某款酒，我是否真正了解這支酒的背後投入的努力，同時我是否有能力評估「事實」與「因素」的邏輯關係。凡此種種，都是判斷葡萄酒「品質」無可迴避的議題。我們不必放棄自己對味道的各種愛憎好惡，但知識與練習會讓體會更深刻，不會被品牌與分數影響，不用被行銷用語廣告詞句綁架，不必人云亦云。

釀酒是簡單和自然的過程，但也是複雜的。雖然現在主流葡萄酒加工過程的共識是減少外來添加物，並盡可能不要干預，但是選擇決定結果。釀酒師首先要確認風格目標，然後我們需要瞭解各種手段對葡萄酒的最終影響。這其中非常複雜，我們需要有足夠的知識來認知與調整眾多變數，才能接近心目中的品質表現。

↑ 葡萄園的設計與維運看似簡單實則繁瑣。（圖片提供：富邑葡萄酒集團）

3-4

「風土」與「風水」，看似遠房實則近親

若你問一位釀酒師他的葡萄酒有什麼風格，十個釀酒師大概就有十個和你說他的葡萄酒風格反映了「風土」。風土這個名詞來自法文的Terroir，是土地的意思，但涵括的意思更廣更深。關於這個詞可以用一本書的篇幅來論證，但在此我們先來看看「風土」這個詞的定義：

Terroir（風土條件）是一個法語術語，指的是釀酒葡萄的生長環境。

Terroir包括氣候、土壤和地形等因素，這些因素會影響葡萄酒的風味。

Terroir是法國釀酒的一個重要概念，葡萄酒應能傳達當地的特質。

定義需要言簡意賅，但此中內涵可謂包羅萬象。釀酒師的實踐方法也是各有不同，不然就不會什麼酒都會扯到這個詞了。

對華人而言，「風水」可能更熟悉，風水粗淺的說是指古代人們選擇建築地點時，對氣候、方位、水文、地質、生態、地景等各環境因素的綜合評估。主體是人，人在一個擁有某些特質的地方居住，自然會受環境極大的影響，我

↑ 土壤是葡萄園風土的一部分，甚至有人認為是風土中最重要的部分。（圖片來源：Salud#2）

們喜歡住所明亮通風讓人神清氣爽，我們不喜歡陰暗潮溼連心情也受干擾，那麼把人換成葡萄之後，你是不是覺得「風土」和「風水」很像？葡萄在合適的地方與方位種植，有適量的日照，在適合的時候下雨，有足夠的日夜溫差，排水良好等「好風水」，生長也會更順利，結出的果實也更自然健康，做出的酒也就會更好。

對我而言，三條定義中最重要的當屬第三點：「葡萄酒應能傳達當地的特質」。這看起來有點玄，我們周邊卻不乏例證：比如一樣是青蔥，來自宜蘭三星的個頭與滋味就是不同；比如高麗菜，高山的就是與平地的不同。葡萄亦如是，而釀酒葡萄被認為更能反映風土微小差異。有種說法是指釀酒葡萄是多年生植物，所以與土地的連結更強烈，再加上釀酒葡萄本身具備釀酒所需的一切不必外部添加，也就更能反映土地與自然環境。

↑ 澳洲Wynns酒莊擁有Coonawarra產區的特殊紅土Terra Rossa。
（圖片提供：富邑葡萄酒集團）

種植葡萄和你在家種花種草一樣屬於農業範圍，有經驗的人一定知道化學肥料與農藥殺蟲劑有多方便，不過種植葡萄倚靠這些東西就好像人一天三餐只吃營養補給品，一樣可以活著，生理徵象正常，但不能說這人「有生命力」。葡萄也好人也好，先天的設計就是攝取自然養分。葡萄即使種在非常優良的地塊，如果一樣靠化學肥料與農藥殺蟲劑，還是等於與自然斷了聯繫，也就無法反映風土。這也就是風土一詞著重在種植面：維持自然生態，少用或不用化學製劑，讓葡萄所需的一切都來自自然循環的供應，實務上就是「有機種植」或「自然農法」。

為了要在酒中存留更多土地的特質以及獨一的微生物群系，有機種植在葡萄酒生產中就越來越重要了。與其他農業一樣，在葡萄園施用化肥與農藥會傷害土地與人體。切斷與自然環境的關聯，有機種植簡言之就是不使用化學製劑，同時長期監測土壤與作物。自然農法則改用其他天然製劑替代化肥與農藥，以大自然的生剋法則維持作物的健康與品質。葡萄酒世界赫赫有名的「生物動力法」（Biodynamic，或稱「自然動力法」）則結合民俗療法、順勢療法與占星術，期使葡萄樹與天體運行節奏同步，不只是友善土地，更藉由重建葡萄的生理循環連結自然能量，以恢復或激發土地與作物的生命力。對很多人來說這和巫術沒兩樣，但目前全球有許多酒莊採行，其中不乏知名品牌與昂貴酒款，他們認為用此方法種植與釀出的酒更能展現風土。

那到底什麼是「葡萄酒應能傳達當地的特質」？使用這些友善環境方法釀的酒喝得出來嗎？既然定義都說了，那當然就喝得出來。我們先不論葡萄不同味道也不同，為什麼你身邊總有人可以辨別同品種不同產區的酒？在農園中我們可見的不只是完整的生態系，不可見的微生物其角色也許還更為重要，不同地點的優勢微生物群系，因為自然條件的不同也各異，你不能複製一地的微生物群系到另一不同的自然環境，你的葡萄收穫也包括附在葡萄上的獨一微生物

↑ 風土由天由地也由人。（圖片提供：富邑葡萄酒集團）

群系（雖然你看不見），這樣的「獨一性」 會帶入酒中，進入釀造後你就會得到獨一的味道（前提是沒有其他外部添加或干擾）。最簡單的例子（不是只有這個例子）就是那些「自然酵母」、「天然酵母」、「本地酵母」釀的酒，葡萄皮上自帶的天然菌群遠比買來的酵母粉複雜太多，其中有太多不同的酵母與其他微生物，在獨一的風土條件下互相形成平衡，在釀造過程中轉化，結果就是你可以在酒中發現更多，或是更富「風土特徵」的味道。

葡萄酒的種植與釀造其實都可以歸結成理性的實踐，風土滋味卻沒有個規則，這更多是長期浸淫慢慢體會而來的心得。你要靜心專注，在酒裡感受天地風雲，風土滋味不會嘈雜，而是悠揚跌宕；你要將自己化為向著天空的雷達，接收一切微弱卻真實不欺的感動。

↑ 葡萄園裡發現的化石，與葡萄園中釀酒修士的遺留，都是風土的一部分。

3-5

釀酒師就是「做香氣」的人

每顆釀酒葡萄就是一個小小釀酒廠，果肉有水分、糖分、酸味，果皮有單寧、顏色、酵母菌以及其他微生物，自給自足，不必添加任何東西就可以釀酒，而且可以經由陳釀使風味更加複雜。世界上沒有其他水果酒可像葡萄酒擁有如此多元多變的風味。

釀酒師的任務就是讓葡萄酒風味發展的初期流程好好走完，使得葡萄酒能夠發散迷人的口感與香氣。人類釀造葡萄酒的歷史上溯數千年，近年科技的發展破解了很多製程祕密，現代的葡萄酒品質比起百年前更高也更穩定，而釀酒師與學術研究的合作也達到前所未有的進展。

葡萄汁變成葡萄酒的方程式很簡單：糖+酵母=酒精+二氧化碳。如果酒喝起來不甜，那麼意味著果汁裡的糖被酵母「吃完」了。如果酒會甜，可能是原始糖含量更高，酵母還來不及把糖吃完就被自己產生的酒精給「毒死」了；或是發酵到一半，酵母就被「移除」或是「殺死」，沒有被酵母吃掉的糖就留了下來；或是更「粗暴」一點，將發酵完畢的不甜葡萄酒加糖，它就甜了。

氣候炎熱地區的葡萄往往酸度較低且糖分較多，葡萄酒的酒精度就會比較高，喝起來比涼爽地區的葡萄酒更烈。所以若你打開地圖找找這些葡萄酒產區，緯度越低，越靠近赤道，干型葡萄酒（糖分完全發酵）的酒精度越高，反之則越低，所以像是德國或奧地利緯度高，葡萄酒的酒精度通常越低；同一個國家，緯度越高則通常酒精度低於緯度低的產區。酸度高低剛好與酒精度相反，緯度越高，日照越少，葡萄越不易成熟，酸度也越高。

來自原料的「一級香氣」

為了保持新鮮，剛採收的葡萄就必須立即進入釀造程序。葡萄要經過篩選，去除不合規的葡萄及其他雜質，這個步驟多半是機械與人工並行。紅酒的話，葡萄常常先「去梗」後將漿果顆粒倒入發酵槽，不會先把紅葡萄壓汁。因為重量的關係，發酵槽下層的葡萄會被壓破，加上梗與漿果的接點也有破口，果汁接觸果皮上的酵母菌就會啟動發酵。白酒一般不需要果汁與果皮有太久的接觸，所以篩選完的葡萄就會立即壓榨出汁，單獨取果汁進行發酵程序。

釀造過程中最重要的步驟就是「發酵」。果汁在酵母的作用下，糖分可以轉化成酒精和二氧化碳，葡萄汁轉變成含酒精的液體。酵母可以是存在於自然環境中的所謂「天然酵母」、「野生酵母」，也可以是特殊培養的「商業酵母」、「人工酵母」。針對不同葡萄開發的商業酵母發酵能力更好，發酵更容易成功，天然酵母的失敗機率高，但風味通常更多元而複雜，但釀酒師認為它更接近「風土」。

白葡萄酒：通常葡萄篩選完畢就會壓榨，壓榨出汁撇去固態物後就會開始發酵。大部分白酒首重果香，所以發酵溫度會較低，高溫氧化傷害就像是煮過的果汁，風味會受折損。這裡可以引申到白酒的品飲判斷：酒色越清淡，越像白葡萄剛擠出的果汁顏色，就代表酒汁越新鮮年輕，白酒若是老了，顏色就會

左上｜葡萄酒釀造時的換桶程序。（圖片來源：Agne27, CC BY-SA 3.0）左中｜釀酒師在陳釀過程需要常常監測。左下｜釀酒葡萄酒精發酵。（圖片來源：Ryan O'Connell, CC BY-SA 2.0）右上｜現代化酒廠常見的不鏽鋼溫控槽。（圖片來源：Sarah Stierch, CC BY 4.0）右中｜釀酒師在陳釀過程需要常常監測。右下｜通常橡木桶會以層架堆疊便於管理。（圖片來源：Gnangarra, CC BY 2.5 AU）

左｜陳釀期間釀酒師會不停測試確認。（圖片來源：Ion Chibzii from Chisinau, Republic of Moldova, CC BY-SA 2.0）右｜採收時葡萄串要盡量保持完整。（圖片來源：© European Union, 2024, CC BY 4.0）

變深轉向黃褐色發展。果汁是很容易氧化的，氧化會影響風味也會造成變色。從採收到發酵完成，甚至後來的陳釀與儲存，最重要的都是控制溫度與氧氣。

紅葡萄酒：和白酒相反，紅葡萄是先完成發酵才壓榨的，葡萄完成篩選後會將果梗去除留下漿果顆粒，這就是「破皮」程序，葡萄破皮後不經壓榨直接投入大槽中，果皮與果梗連結之處會有果汁流出，上方不斷投入的漿果會更進一步把下方的漿果壓迫出汁，發酵也隨之啟動，這段發酵的時間果汁會繼續流出，也就會不斷接觸果皮，所以果皮中的顏色與單寧就會溶解出來，這就是紅酒顏色與澀感的來源。所以紅酒顏色越鮮豔，越像新鮮葡萄的顏色，特別是越偏紫色，通常也代表年分越新。紅酒的顏色隨著時間過去，就會因氧化及其他化學物質的作用而變褐變淺，感覺就像是戶外的彩色看板因日曬而褪色一樣。

葡萄皮上有天然的酵母菌，其組成非常複雜。直到19世紀後期歐洲才大致了解「發酵」與「酵母菌」的關聯，但人類已經釀了幾千年的酒，靠的都是果皮上這些看不到的小功臣。現在的科技發達，已經可以精煉菌株供釀酒使用。酵母活動時是有味道的，酵母不是只會把糖變成酒精這麼簡單，酵母菌比你想像的更多才多藝。在酒精發酵的階段，酵母菌同時也在進行風味的轉換，同批的葡萄使用不同的酵母菌最終會得到不一樣的風味。釀酒師是可以看型錄買酵母菌回來做酒精發酵的，如果你想要多一點熱帶水果風味，A牌酵母菌可以滿足你，如果你想多點花香味，就買B型號酵母菌回來用。這種去外面買回來的商業酵母，都是經過人工挑選並且在生技廠中量產的，人工挑選的重點先是要找到活力強的Saccharomyces cerevisiae菌株，再來就是能賦予葡萄酒什麼味道。商業酵母雖然方便，但風味也較為單一，天然酵母菌群比起商業酵母複雜難控得多，風險也大，但其結果也會更多元多變，更能展現土地的特色。

總之，在這個階段果實藉由發酵「轉化」或是「強調」葡萄本來的風味：你也不用太糾結，葡萄酒什麼顏色，你就往那個顏色的水果或是花朵去想像，更進階的品飲者，可以想像產區的地闊天光，至少已經八九不離十。

來自釀造手法的「二級香氣」

酒精發酵結束以後，酵母沉澱會很多，所以轉移到陳釀容器時會先去掉這些渣渣，這個步驟叫做「換桶」（racking）。清理酒汁裡的固態物，但酵母沉澱在換桶後仍在持續發生，所以酒汁還在接觸死酵母沉澱，這個階段叫做「泡渣」（sur lie，但不是每支酒都會強調）。陳釀時間長的葡萄酒，換桶通常不只一次。釀酒師在兩次換桶之間可以運用「攪桶」（bâtonnage）加強風味的累積，拿根棍子在桶裡「揀」，把渣渣翻起來搞得酒汁霧濛濛。死酵母雖然可以增添風味，但是不管它也會有不良影響，產生像是臭雞蛋的味道，所以酒泥大概有個一公分厚就會換桶去除酒泥。紅白酒釀造過程都會換桶避免問題，但是不一定做攪桶，白酒會比較強調，因為白酒味道先天較清淡，死酵母的加持才會顯出作用；紅酒的話，有些釀酒師認為紅酒攪桶對酒質有幫助，另一些則認為會造成脫色，不同人不同品種有不同手法。死酵母會因為「水解」發出味道，讓酒體更厚實一些，但坦白說，這種口感有點「虛無飄渺」。你只要記得「酵母味」屬於二級香氣就好，而且一般的靜態酒這味道都不是很明顯，香檳則因為死酵母與酒的接觸時間很長，這味道才更明顯（所以香檳會以酵母味判斷陳年時間與品質）。至於酵母味到底什麼味道？想想你揉過的麵團酸香味、或是啤酒味，都可以給你個方向。

酒精發酵之後常常還會有另一種「發酵」，稱為蘋果酸乳酸轉換（縮寫為MLT），簡單來說就是酒中的「蘋果酸」透過「酒球菌」轉換成「乳酸」（同時會產生二氧化碳及其他風味物質），這是紅葡萄酒必經的階段，完成後紅酒的單寧與顏色會更穩定。在白酒釀造上則是可做可不做，好處是可以緩和尖銳的酸味、缺點是會改變新鮮的果味，也改變酒的最終口感，想像一下：你喝過檸檬汁也喝過檸檬多多，都是檸檬味但還是有所不同，如果你分得出來這兩者的不同，那麼一款白酒有沒有做蘋果酸乳酸轉換，你也分得出來。

其實葡萄汁發酵完畢就可以喝了，但現代釀酒多半再加上其他的釀造手法，目的是為了穩定酒質以及增添更多風味：強調水果香氣「果味」的白葡萄酒，通常在發酵後存放在控溫的無味絕氧容器中穩定酒質，比如易於清潔與控溫的不鏽鋼大槽。「低溫絕氧」數個月後會析出一些固態物並沉澱，比如說死去的酵母菌或是酒石酸鹽結晶，之後即可裝瓶出廠。這樣的酒強調的是「一級香氣」，多半建議趁新鮮飲用；但釀造時若使用大家琅琅上口的「橡木桶」，情況就完全不同了。葡萄酒從發酵槽移到橡木桶裡存放，酒汁就會隨著時間「吸收」橡木桶的一些特徵：比如燒烤味、木頭味、奶油味。橡木對葡萄酒有特殊的親和力。桶子越新或容量越小，葡萄酒吸收的橡木味就越多。近年來的趨勢是減少明顯的橡木味，因此更大或更老的橡木桶，甚至是混凝土槽、陶甕等容器越來越受歡迎。而無味的老橡木桶，混凝土槽與陶甕，還是會因為材質的透氧能力對酒質產生影響，不鏽鋼大槽對風味幾乎沒有影響，但多孔的容器（陶甕，橡木桶）會有微量氧氣進入產生反應，就會造成風味的不同。但不管陳釀容器是什麼材質，此過程產生的「新味道」 都歸屬在「二級香氣」。在

↑ 近年來釀酒容器興起「復古」的「創新」浪潮，比如蛋形水泥槽仿自古希臘釀酒陶器的外形，卻使用高科技混凝土製作。

大部分的情況，你只要記得「木桶味」與「酵母味」是二級香氣就好。

為了讓酒汁更清澈潔淨，酒廠也可以將酒汁再「澄清」或「過濾」：澄清是去除酒中非固態的雜質，通常使用蛋白質製劑吸附雜質後沉澱濾除；過濾目的是去除酒中的固態物，使用類似濾網的器材。現在越來越流行未澄清未過濾的酒款，某種說法是將酒濾得太乾淨不利於日後的風味發展，但也有實驗證明，同款酒有無經過澄清過濾在盲測中並無分別。

這些程序都十分關鍵，但也不完全是釀酒的全部過程，只是這些關鍵過程也極大的控制了葡萄酒的最終品質與風味，了解這些過程，在你杯中的色香味一一印證，你的賞析能力自然就會進步了。

來自陳年的「三級香氣」

釀酒師可以透過上面眾多的「手法」讓葡萄酒產生很多味道，但是有些你在酒裡感受的味道卻不是直接由釀酒手法引發，而是需要時間的轉化，原有的化學物質反應生成新的物質，等於產生新的味道。這就是「三級香氣」：一般是指來自葡萄酒裝瓶並以合適條件儲存，經過較長時間後漸次演化發展而得。三級香氣可以是一級香氣或二級香氣的再變化，比如新酒的水果香變成像是果乾或是果醬的香氣，三級香氣也可以是那些截然不同於一級二級的味道，比如溼潤的土壤味、蘑菇（特別是市售的白洋菇）、皮革（皮件）、動物毛皮味。如果你酒中聞到這些既不是植物（花果葉）、酵母，也不是橡木桶的味道，你就可以往「三級香氣」思考。

年輕的酒或是日常用酒，強調的是一級香氣與二級香氣，一款經過良好陳年的酒，會讓人想探索更複雜的香氣：一級與二級香氣漸漸弱變，三級香氣會漸漸出現，葡萄酒三種香氣此起彼落，共同建構新的平衡，「越陳越香」，這就是葡萄酒的時光樂趣，

你可能聽過「酒太老」這樣的說法，意思大約是酒中新鮮的一級香氣已經非常衰弱，只要沒有變質腐壞就可以喝，只是這款酒最美好的時刻已經逝去。

右｜葡萄採收及榨汁過程。

Cal-Pac

3-6

香檳酒的故事

其實所有的葡萄酒都「曾經」是有氣泡的酒。發酵時酵母將糖轉化成酒精與二氧化碳，在槽中一個個的二氧化碳小泡泡都證明酵母正在努力工作，所以人們早已喝過氣泡酒，只是古老年代受知識與技術的限制，沒辦法把這些泡泡保留在瓶中，也沒辦法商業化。

法國香檳區（Champagne）是全球氣泡酒最知名的產區，這裡的地勢較平坦（Champagne源自拉丁文Campagna，泛指沒有森林覆蓋的廣闊圓丘平原。現在的法國、瑞士與奧地利等國也有以Champagne為名的城鎮）。香檳區可細分為兩區：白堊香檳地區（Champagne pouilleuse）和潮濕香檳地區（Champagne humide）。前者地形平坦交通便利，適合牧羊； 後者近似肥沃的法蘭西島。香檳區與法蘭西島接壤的山坡地，正是今天的香檳主力葡萄園，釀酒葡萄向來更喜歡山坡而非平地。

香檳區在法國史上地位極為關鍵。自羅馬帝國時期起，香檳區的葡萄酒就已經成名。11世紀後，香檳區葡萄酒與南邊的勃艮地葡萄酒兩強互相競爭。

1223年至1825年，600年間有25位法國國王都在香檳區的漢斯主教座堂舉行加冕典禮。教宗良十世、法王法蘭西斯一世、亨利四世、神聖羅馬帝國皇帝查理五世以及英王亨利八世，都在這區域擁有私人產業。既然是政教商業重地，人口多市場大，更大規模的釀酒勢不可免，但香檳區已在釀酒葡萄生長地帶的北界，葡萄的成熟度長久以來是此區的第一大問題，年分的好壞造成品質的嚴重落差，這對任何產品都是不可接受的。

17世紀以前，香檳區的葡萄酒仍都是沒泡泡的靜態酒，反而裝瓶後又出現的氣泡很讓生產者頭痛，這是香檳區葡萄酒的第二大問題：先天氣候冷涼的香檳區，葡萄不僅不易完熟，採收時間也相對更晚。採收完畢開始發酵時，也很可能因為已近暮秋氣溫太低，酵母工作效率低下甚至停止發酵。這時沒有泡泡冒出來，釀酒師會認為發酵結束了，於是就會過濾並裝瓶。等到春暖花開變得溫暖，密封瓶子裡的殘存酵母又會開始活動產生二氧化碳。當時的瓶子強度

↑ 未除渣的香檳。（圖片來源：BerndtF at German Wikipedia, Public domain）

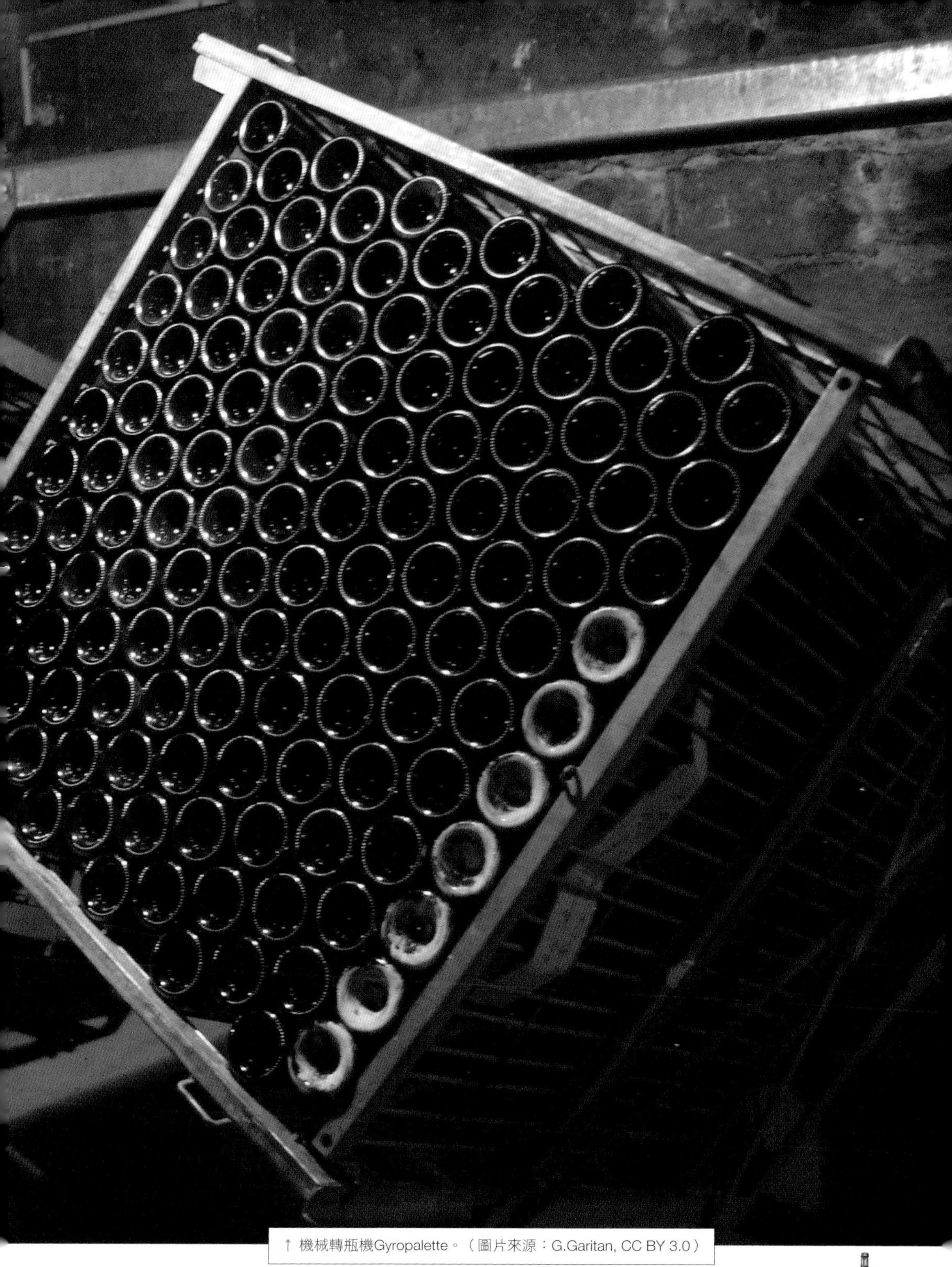

↑ 機械轉瓶機Gyropalette。（圖片來源：G.Garitan, CC BY 3.0）

與酒塞都承受不了瓶內的二氧化碳壓力，所以會破瓶或酒塞噴出，對於不懂得這些化學物理知識的生產者而言，好不容易釀好的酒卻「爆炸」，當然不是好事。尤其葡萄酒是耶穌聖血，香檳區又是個堅貞的教區，教會勢力龐大，酒瓶的爆炸就被教會人士認為都是「魔鬼的陰謀」。

為了避免這樣的事情，香檳史上最出名的唐佩里儂修士（Dom Pierre Pérignon）站出來了。但唐佩里儂並非發明現代我們習見的香檳氣泡酒，反而他的一生都致力歸納與實踐關於種植與釀造的知識，以製造優質的葡萄酒。唐佩里儂大量研究各個不同葡萄園的差異、在哪個地塊應選用哪種葡萄、如何混合多個葡萄園的收穫以得到更高的品質、如何調整榨汁的手法獲得更優質的葡萄汁等，他也改良了封瓶的方式防止酒塞因氣壓噴出。這些釀酒葡萄種植與釀造的眾多細節，其貢獻並不僅止於香檳區，而是歐洲整體的葡萄酒業。現代許多香檳區的釀酒師常會說“We are making wine in Champagne, we are not making Champagne wine.”，言下之意就是他們的作品並不是有氣泡這麼簡單，可說是承繼唐佩里儂的釀酒哲學。

↑ 當拿破崙攻入莫斯科時，俄國人已經棄城並且放火，但最終仍是俄國取得勝利，然後凱歌夫人的香檳就在俄國大賣。（圖片來源：Unknown German, Public domain）

唐佩里儂與1643至1715年間在位的法王路易十四處於同個年代，太陽王應該也喝過一代大師的作品（但路易十四更偏愛馬貢〔Mâconnais〕的葡萄酒）。唐佩里儂偏愛黑皮諾（Pinot Noir），由於香檳區的氣候較冷，葡萄的顏色萃取不會太深，因此酒液可能是非常淡雅的粉紅色，是宮廷宴會上的珍品。凡爾賽宮的宴會經常出現香檳酒，路易十四的情婦，影響力巨大的蒙特斯潘夫人（Madame de Montespan），在宮廷中推動了許多奢華的禮儀，也推動了香檳在宮廷中的普及。後來繼任的路易十五保持他曾祖父的路線，路易十五的情婦龐巴度夫人（Madame de Pompadour）曾說「香檳是唯一能讓女人保持美麗的酒」，更使得香檳酒成為上流社會的寵兒。這時的香檳酒有沒有氣泡大概跟抽獎一樣碰運氣，但此後的上流社會紈袴子弟開始追捧「魔鬼的陰謀」，開酒塞時啵的一聲總是讓派對氣氛熱烈，氣泡微刺激的口感更與靜態酒大不相同。

現代香檳的製作過程直到百年後的19世紀才逐漸完備。為了品質穩定，18世紀末香檳區逐漸開始跨年分混調，將每年的葡萄酒部分留存下來窖藏，若新年分的品質不如預期，就會加入陳酒以平衡品質落差，後來調合變成了慣例，現代酒瓶上常見的無年分NV（Non-Vintage）標示即由此而來。而市場在17世紀後期起對氣泡嘶嘶聲的熱愛，讓某些生產者開始故意添糖在基酒中得到氣泡，但這其實很危險，糖一加多就會造成瓶內壓力過大而爆瓶。那時候到香檳酒窖工作的人都要穿著一身鐵甲，因為酒窖的瓶子天天都在爆炸（1828年，八成的香檳在酒窖內爆炸），運輸到各地時的馬車震動又會引發炸瓶，那時生產十瓶氣泡酒最後到消費者手上可能只剩一兩瓶。加糖量的準確計算方式是在1836年由法國藥劑師弗杭蘇瓦確立。但就算有了公式，19世紀下半時的瓶炸比例仍有15%-20%，所以玻璃瓶的強度與添糖技術實在一樣重要。17世紀中英國侍臣迪格比（Kenelm Digby）爵士發明煤炭高溫玻璃風爐，玻璃強度得到提升，但直到1709年此工藝才被法國採用，當時這種新玻璃瓶叫做「英國時尚」，此後香檳氣泡酒與諾曼地蘋果氣泡酒都用上堅固的酒瓶，炸瓶的情況才逐漸得以平息。

向基酒中投入糖與酵母後封瓶，當酵母將糖消耗完後死去就會漸漸形成沉澱。所以曾經有一段時間，香檳酒瓶底下都是一層混濁的酵母渣，死酵母在杯中既不好看，黏糊的口感喝起來也不舒服。年輕的女企業家凱歌夫人（Barbe-Nicole Clicquot-Ponsardin）在1820年左右發明完成了除渣程序：利用特製的轉瓶桌與旋轉，逐漸倒置酒瓶將死酵母集中到瓶口，再將瓶口冷凍使死酵母結凍，緊接著瓶子轉正，開塞，此時瓶中的氣體壓力會將瓶口結凍的死酵母渣推出，從此才有了乾淨澄澈的香檳。

凱歌夫人不僅是發明家，更是有生意頭腦的企業家。她的先生很早就亡故，她接下家族的夢想，繼續發展香檳生意。但那是正是拿破崙四處征伐大肆擴張的時候，所以其他歐洲國家都對法國實施禁運，國內情況當然也不會太好，凱歌夫人在幾近破產時做了大膽決定，將她絕大多數最好的葡萄酒從法國走私到阿姆斯特丹，在那裡等待拿破崙的戰敗。這一年是1812年，即拿破崙戰爭系列的最終戰「俄法戰爭」。俄國人以焦土政策誘敵深入，過長的補給線與苦寒的俄羅斯平原讓法軍幾乎死絕，俄國人終於勝利，後人柴可夫斯基以此為背景創作了〈1812序曲〉。凱歌夫人隨即火速將香檳從荷蘭運到莫斯科，比競爭對手早了幾週。她的香檳在俄羅斯首次亮相後不久，沙皇亞歷山大一世就宣布這是他唯一會喝的香檳，而接下來就是整個俄國開始瘋搶。這個香檳品牌Veuve Clicquot（Veuve是法文寡婦之意，Clicquot是她亡夫的姓）從此成為最早的國際香檳品牌，也讓香檳區的靜態酒生產逐漸步入沉寂。從甘冒風險去經營瀕危的公司，到用香檳對抗禁運封鎖，大膽無畏的凱歌夫人建立了她的香檳帝國，這也是她從未後悔的決定。

釀造香檳的流程

整個釀造香檳的技術流程稱為「傳統法Traditional Method」，大致流程如下：

1. 生產基酒與調配基酒（跨年分、跨品種、跨葡萄園混調達成特定的風格）。
2. 調配好的基酒裝入瓶中並加入糖與酵母。
3. 加入糖與酵母後封瓶，封瓶通常使用皇冠蓋。
4. 瓶中的糖與酵母二次發酵產生二氧化碳，但因封瓶所以氣體不會散逸而保留在瓶中，二氧化碳也會溶於酒中。（生產基酒的過程為第一次發酵）
5. 酵母將糖消耗完後死去，漸漸形成沉澱。
6. 運用「轉瓶」的手法，漸漸倒置瓶身，將瓶中死酵母轉移到瓶口。
7. 瓶口向下，以低溫冰凍瓶口的死酵母，此時死酵母會黏在瓶口。
8. 瓶子轉正，開塞，此時瓶中的氣體壓力會將瓶口的死酵母推出。
9. 回補酒液並添糖。使酒汁總量及含糖量到達標準規格後，以正式的蘑菇塞封瓶。

一般紅白酒的生產就只是上面的第一項，而且是一桶桶地釀。相比之下，香檳酒的生產顯然複雜得多，還是一瓶瓶地釀，複雜則代表更多人力與更多時間，成本也就越高，所以香檳的均價也不會便宜。或者是可以這麼說：以「傳統法」釀造的氣泡酒，成本都較高，但「傳統法」不是專屬於某個產區的手法，所有地區都可以運用。不過「香檳Champagne」是地名也是產區法規用字，因此不是有氣泡的葡萄酒都叫香檳酒，只有在指定的香檳地理區內，以符合香檳生產法規的方式生產，並通過官方檢核認可的酒，才能以「香檳Champagne」稱呼。

↑ 法國畫家德・特洛伊（Jean François de Troy）創作的《牡蠣晚餐》，被認為是首幅出現香檳瓶子的畫作。（圖片來源：Google Art Project）

常見的氣泡酒

所有現在我們喝到的氣泡酒，其製作方式都可說是脫胎於此，幾種常見的氣泡酒則有：

蜜絲嘉（Moscato）甜型氣泡酒：蜜絲嘉氣泡酒的酒精度通常落在5- 6%左右，水蜜桃、荔枝與花香經典的香氣非常吸引葡萄酒入門者。這種酒的製作方式是在葡萄入槽第一次發酵時抓準時機，在到達適當的酒精度時封閉發酵槽，將繼續產生的二氧化碳留在酒汁中。因為這種方法就是留下葡萄汁的第一次發酵產生的二氧化碳，而且發酵槽也可以很大而降低成本，所以蜜絲嘉甜型氣泡酒價格遠低於香檳，在台灣是最容易買到的氣泡酒。酒標上出現Moscato，酒塞以鐵絲圈固定，大約就是同一類型。因為省去了眾多步驟並且釀好即售，一般而言價格不會很高，七八百元就有很多選擇，而且到處有賣。

義大利Prosecco氣泡酒：這種氣泡酒以「大槽法」（Tank Method）釀製而成，意思是上面的第二步的基酒不裝入瓶中而是裝入可密閉的大槽，如同把這個大槽當成瓶子。接下來的工序差不多，但因為使用大槽而不是一一分瓶製作，所以可以省下許多人力。使用大槽法的氣泡酒通常也不會在窖中陳年，就再省下時間成本。也因此大槽法生產的氣泡酒的價格比較親民。

使用「傳統法」生產的氣泡酒：「傳統法」只是一種生產方法，所以任何地方都可以使用。但「傳統法」耗費大量人力與時間，因此不管酒從哪裡來，以「傳統法」製作的氣泡酒都不會太便宜，酒標的判斷也需要你更多的原文知識。這類型的葡萄酒包括法國的香檳Champagne、西班牙的Cava，以及眾多南北美洲澳紐南非等非常優秀的氣泡酒。購買時要先了解其製作方式是否為「傳統法」製作。

如何判斷氣泡酒的品質

上面洋洋灑灑都在講製作程序，但若花了工夫酒卻沒有更好喝當然也說不過去！那麼專家都怎麼判斷氣泡酒的品質呢？在上面的第五個工序裡，我們需要等待死酵母慢慢的沉澱才能去除，但這段過程中除了沉澱，死去的酵母還會「水解」，酵母的味道也會進入酒中。這段時間越長，酒汁中酵母相關的風味也會越強，整體風味也會越複雜。現在市售的香檳「帶渣陳年」 大概都要經過陳年三年以上後才會出廠（無年分香檳的法定陳年時間至少為12個月），所以專家判斷氣泡酒品質的第一件事就是要在嗅覺中找到酵母相關的味道，簡單來說就是找到像「啤酒」的味道。氣泡葡萄酒一旦有「啤酒味」，那九成以上是使用傳統法釀造。啤酒味需要時間等待死酵母慢慢水解才能散出味道，所以這是一瓶花費大量時間與人力的酒，先不管你喜不喜歡這樣的風味，但這代表了時間的成本，也代表對品質的要求，也是專家判斷品質的先決因素。

欣賞一杯氣泡酒，其實就像欣賞一杯品質良好的靜態酒一樣：製造工序快速的蜜絲嘉或是Prosecco，我們會去探索原料的風味，像是果香與花香等等；若是在酒廠沉睡多年等待酵母水解的香檳酒，那就會有更多的酵母風味、以及隨著時間發展的陳年風味，兩相交織成就複雜又諧和的感受。常見的瘦高笛形杯的設計可以讓飲者欣賞氣泡，但為要彰顯酒汁的香氣，香檳區的釀酒師及全球專業品酒人士更多使用一般的白酒杯進行品鑒。至於氣泡口感，我個人倒不是那麼在乎，就當它是個品飲時的小樂趣。順帶一提，香檳由於陳年時間長，二氧化碳在瓶中會更趨穩定，釋放也愈慢，所以入杯的激烈泡騰後，你在杯中看到的泡泡越小，通常就代表陳年時間越長。所以開瓶後沒蓋回的香檳第二天倒出來氣泡仍然很有活力，其實是有科學上的道理的。

3-7

加烈酒：大航海時代的歷史切片

加烈酒（Fortified Wine）在現今的葡萄酒世界是被遺忘的寶藏，它曾經非常燦爛輝煌，隨著歐洲的船隊到達世界各地。在大航海時代，葡萄牙的波特酒（Port）和西班牙的雪莉酒（Sherry）搭著商船與軍艦穿越大洋，在船上滋養水手的無奈與疲困，進入無數新市場成為重要的商品，還被殖民地的人民仿製流傳至今。在哥倫布發現新大陸這歷史背景下，加烈酒的發展廣傳亦成為葡萄酒歷史上不可複製的存在。

加烈酒雖然是歐洲人的發明，但製程使用的烈酒與蒸餾技術卻是來自阿拉伯人。遠早於17世紀加烈酒狂潮席捲以前，人類就有在酒中加入其他東西的習慣，可上溯至古希臘羅馬時期，方法其實並不新穎，甚至在愛琴海古文明時期就是常態。公元前的文獻就記載希臘人會在葡萄酒中加入松脂（今日希臘也仍有這種酒款，叫做Retsina）添香並防止腐壞，古希臘羅馬時代還會在葡萄酒加入水、蜂蜜、藥草、各種果汁甚至海水，這些添加物的使用除為了提升風味，更是為了稀釋酒液，使人們可以喝更多而不致醉。然而自公元476年西羅

左上｜加的斯海戰。（圖片來源：Aert Anthoniszoon, Public domain）左下｜梅休因條約簽訂。（圖片來源：Alfredo Roque Gameiro, Public domain）右上｜第二次英法百年戰爭中的豐特努瓦戰役。（圖片來源：Pierre L'Enfant, Public domain）

馬帝國滅亡後，歐洲在黑暗時代一千年來的文明與技術發展乏善可陳，葡萄酒的生產也不進反退。西元八世紀阿拉伯穆斯林入侵歐洲，他們的蒸餾技術也被引進。回教徒守規不飲酒，但高度酒精的蒸餾酒卻深得其他人民喜愛而傳播開來，並在全歐洲變化出各種酒款，加烈酒僅為其中之一。

歐亞人民一開始在葡萄酒加入高度蒸餾酒大概是為了好喝，你說這是某種雞尾酒也無不可。但人們也很快知道高度的酒精有保存防腐的功能，延長釀造酒的飲用期限，所以各地只要有釀造酒與蒸餾技術時就會出現類似的製作方式，種類風格多種多樣，也不僅限於葡萄酒。

加烈酒，特別是雪莉酒的流行，是始於1519年葡萄牙探險家麥哲倫出發環球航行時，他在出發前購買了大量的西班牙雪莉酒，因為其具有較長的保存期限且可長途運輸（其實更可能是他個人喜好）。這些酒成為船員的重要補給，不僅是漫漫航程的解憂聖品，還在沿途用於貿易和交換物資。從此長途航行必備雪莉酒，麥哲倫成為雪莉酒的「第一任」全球推廣大使，雪莉酒也等於幫當時的西班牙海外拓展打了一針雞血。

西班牙敲響了歐洲海外殖民第一聲：1492年西班牙哥倫布抵達巴哈馬群島，1519年除了麥哲倫，西班牙還征服了阿茲特克，1533年西班牙征服印加帝國，1556年西班牙腓力二世即位建立全球殖民帝國。整個16世紀上半葉是西班牙霸權的鼎盛時期，雪莉酒也隨之廣傳，但此時期的雪莉酒型態並非現代的樣式，而還在早期簡易的加烈酒製作方法，風味也大不相同。

雪莉酒產區的葡萄酒生產可以追溯到腓尼基人和羅馬時代，那時還不是加烈酒。主力產區在西班牙南部的安達魯西亞，尤其是赫雷斯-拉弗龍特拉（Jerez de la Frontera）、聖盧卡-巴拉梅達（Sanlúcar de Barrameda）和埃普托-聖塔馬利亞（El Puerto de Santa María），這三個城鎮在地圖上連接起來的區域稱為「雪莉三角」。其中赫雷斯是最大的生產地區，這裡也是佛朗明哥音樂的首都，佛朗明哥是哀傷的音樂，道盡女性對出海男兒的思念；聖盧卡是瓜達爾基維爾河的河口港，河川連接海洋和內陸赫雷斯的葡萄園，聖盧卡也是從新大陸返回的船隊的重要停靠點，所以雪莉酒也順理成章的成為船隊的必備補給。同地區的另一個港口加的斯（Cádiz，今日安達魯西亞的省會）更是西班牙重要的海軍基地和貿易港口，當然也是雪莉酒重要的出口港。想想現在還有多少國家的官方語言還是西班牙語，就可以想像雪莉酒曾在全球多少地方流行。16世紀末成名的英國文豪莎士比亞也是雪莉酒的狂熱者，他不僅愛喝，還在他的八部作品中提及雪莉酒40多次。他稱雪莉酒為「裝在瓶子裡的西班牙陽光」，更在劇作中描寫：「假如我有一千個兒子，我要教導他們做人的首要原則是，棄絕平淡無味的凡釀，而要終生堅貞於雪莉酒。」

在哥倫布發現新大陸的1492年，西班牙終於在安達魯西亞的格拉納達逐出了阿拉伯穆斯林，收復整個伊比利半島，赫雷斯的雪莉酒也終於可以開始出口，包括對英國的銷售。但直至近百年後的1587年，英國航海家德雷克（Sir Francis Drake）從加的斯劫掠大量雪莉酒帶回英國，接著1588年英國擊敗西班牙無敵艦隊確立海上霸權，此時的雪莉酒才在英國真正的大受歡迎（勝利感的狂喜）。但是英國與西班牙還處於敵對狀態（不然就不用「劫掠」了），而且還有與法國的矛盾（還記得課本的英法百年戰爭嗎？），對於當時的英國人來說喝什麼葡萄酒真的是個大哉問。伊麗莎白一世於1558年即位，英國就此正式開始向海外擴張，比西班牙晚了60多年。又過了120年，1678年英國商人來到葡萄牙杜羅河上游在修道院發現了一種加烈的甜葡萄酒，這被認為是現代波特酒的早期形式（在此之前該地區早有葡萄酒，但型態各異，有無加烈、干型還是甜型大概都有）。1689年第二次英法戰爭爆發，英國對法國商品的進口禁令促使英國商人轉向葡萄牙採購葡萄酒，波特酒也很快的取代英國對雪莉酒的嚴重倚賴，成為英國皇室和上流社會的寵兒，獲得極高的聲譽和需求。

波特酒Port顧名思義，就是來自港口的酒，杜羅河入海之處的港口城市波多（Porto），這個字與葡萄牙Portugal為同一字源，都是港口之意。波多位於杜羅河入海處，是葡萄牙歷史起點的重要城市，河川上游的葡萄園雖然離港口有一百公里，但酒桶可以裝船順流而下直抵城市銷售與港口轉運。17世紀末，英國的資金大量湧入（因為第二次英法戰爭），波特酒的生產者開始在杜羅河口另一側的加亞新城（Vila Nova de Gaia）建立了倉儲及碼頭，接收上游的酒後再轉移到倉儲完成陳釀。一時風光無兩，酒廠的大招牌沿河林立，從此成為加亞新城著名的地景，直到今天。

大英帝國的擴張也使波特酒成為國際貿易中的重要商品，隨著日不落大不列顛船隊的航行，波特酒也遍布了全球。所以不同於西班牙雪莉酒，葡萄牙波

特酒在英國的流行最重要是因為17世紀的英法貿易戰，海外殖民反而不是最早的原因，再加上英國與葡萄牙早在1386年簽訂溫莎條約，確立兩國之間的同盟關係，特別是軍事同盟且持續至今，是歷史上維持最久的國際聯盟之一，所以英國理所當然的支持葡萄牙葡萄酒，尤其是波特酒。今日的英國皇室正式晚宴，特別是海軍晚宴也一定不能缺少波特酒，就是有這一段歷史背景。

英葡在1703年簽訂的梅休因條約（Methuen Treaty），進一步鞏固了葡萄牙作為英國主要葡萄酒供應國的地位，關稅互惠後英國降低了葡萄牙酒的進口關稅，使其在英國市場上更加普及。英國人開始大量消費波特酒，並在上流社會廣受歡迎，但同時葡萄牙的紡織工人也因為英國的紡織品傾銷而紛紛失業。

左上｜基督徒與穆斯林的戰鬥。（圖片來源：Public domain）左下｜波特酒的產區管制標籤。（圖片來源：Serge Papkov (scan), CC BY-SA 3.0）右上｜加亞新城。（圖片來源：János Korom Dr. from Wien, Austria, CC BY-SA 2.0）右下｜探險家麥哲倫。（圖片來源：The Mariner's Museum Collection, Public domain）

左 | 古希臘的酒器。右 | 因釀造手法不同，雪莉酒的顏色有深有淺。

波特酒狂潮後市面出現眾多低劣的產品，所以在1756年葡萄牙首相龐巴爾出手整治，官方成立上杜羅葡萄酒農業公司，確保波特酒生產的國家控制，也劃定杜羅河谷的產區，特別是深色片岩的優質葡萄園，規範波特酒的品質要求、優質葡萄酒定義和產區界限。這是世界上最早的法定產區之一，對於波特酒的品質控制和市場定位起到重要作用。他還讓失業的紡織工人來到此地開墾葡萄園並修築梯田，一方面解決失業，也讓杜羅河上游的葡萄園風景就此成形。他還杜絕了劣質酒的泛濫。波特酒的產量與品質穩定成長，加上大不列顛全球勢力如日中天，波特酒就此廣傳全世界。

歐洲帝國從15世紀末起喝了兩百年的加烈酒，但今日的雪莉酒與波特酒的標準樣貌卻都在兩百年後的18世紀才逐漸確立。現代雪莉酒在基酒完成後就會以高度蒸餾酒加烈，接下來使用索雷拉（Solera）系統（一說此系統到19世紀才完備）陳釀。索雷拉系統由多層橡木桶（通常是三到五層，有時更多）組成，每一層稱為克里德拉（Criadera），最底層的桶稱為索雷拉，盛裝最老的酒液。商售雪莉酒僅能以索雷拉層的酒桶汲取酒液裝瓶銷售，抽出的酒液由上層克里德拉回補，最上層會添入最新年分的酒。索雷拉系統旨在確保雪莉酒品質的一致性與穩定性，不同年分的酒液逐年混合達到最終風味。Fino（加烈最高至15.5%）與Oloroso（加烈至17%以上）是雪莉酒的兩大風格：Fino是酒汁在索雷拉系統陳年時，酒桶內酒液的表面生成一層酵母並完全覆蓋表面，這層酵母稱為酒花（Flor），這個過程稱為生物陳年。酒花隔絕了氧氣接觸，所以酒色清淺，酒花還會消耗酒中的甘油與殘糖並產生乙醛（酒中自然產生無礙健康），所以風味與我們慣常飲用的白酒大不相同，標準形容詞包括牆壁粉刷味、醃橄欖、溼麵團、海風味、綠杏仁等，酸度也更明顯（通常以Bone-Dry形容）。Oloroso在索雷拉系統中沒有酒花隔絕，酒液直接接觸氧氣，逐漸變得濃郁和複雜，顏色也轉向黃褐色或琥珀色。這一過程可以持續數年甚至數十年，風味也更傾向於深沉的烘烤堅果、焦糖香等。Amontillado則是陳釀前期為生物陳年、後期轉為氧化陳年，所以兼具Fino與Oloroso的風味，酒色也介於兩者之間。

↑ 不同的雪莉酒。

現代的Fino、Amontillado與Oloroso雪莉酒使用白葡萄Palomino，完成發酵後才加烈，所以是不甜的（可以在裝瓶前再加甜調合）。波特酒則主要是紅葡萄釀造，發酵到約5%就加烈至19%~21%，加入的高度蒸餾酒殺死了還在作用的酵母，槽內的果汁也尚未發酵完，還有許多糖分殘留，所以波特酒一定是甜酒，甜味來自於葡萄本身而不是加糖。與雪莉酒相同，波特酒也有紅寶石波特（Ruby Port）與茶色波特（Tawny Port）兩大系統：紅寶石波特在加烈後於絕氧環境下釀造，所以酒色更鮮豔，果味與品種帶出的香料味也更強勁明確；茶色波特則是在加烈後故意讓酒接觸氧氣，氧化作用讓酒色變淺且轉向紅褐色，風味也因氧化而改變，呈現堅果、焦糖、深色果乾、甚至是類似紹興酒的風味。紅寶石波特的分類還包括晚裝瓶年分波特（Late Bottled Vintage，LBV），與只在官方宣告的優良年分才能製作的最昂貴的年分波特（Vintage Port）；茶色波特的分類下還有定年茶色波特，酒標上會註明陳年的時間，比如10年、20年；也有年分茶色波特（Colheita），但比較少見。

15世紀地理大發現以後，加烈酒走向全世界，你可以說它代表著帝國主義的傲慢，但也不能偏廢它的品質。沒有漫漫的海上航程與全球拓殖，加烈酒可能就只是在各自小區域的平凡酒款，沒有濃烈的歷史感也沒有品質的提升，這也是品飲時我會一直念想的。當它跟著槍炮火藥走出歐洲，與船上苦命的水手一起，與新移民的興奮一起，皇室貴族追捧它，庶民百姓更不能沒有它。當我想像那個在混亂中建立新秩序的年代，千古風流喧囂狂放被多元多色的加烈酒保留了下來，手中的這杯酒也就有了更深刻的人性意義。

西班牙雪莉酒產區的Ximénez-Spínola酒廠已經有280年歷史。雪莉酒的陳釀窖通常會建在地面上而不是地下，屋頂挑高並且通風。這種酒窖的設計被認為雪莉酒風味形成的重要部分。（圖片提供：莎祿股份有限公司）

談葡萄酒就不能不談品種，每個品種都有其獨特的風味和特性，就像不同性別與年齡會有不同的性格一樣。談品種也必須談到產區，就像不同人種在同一地方生活，總會因著環境產生更多共同之處。釀酒葡萄有數千種，但我們日常接觸的其實不到百分之一，只要認識十幾個基本的葡萄品種，就能抓住葡萄酒的核心，就是學習葡萄酒的高效捷徑！

品種

4-1

卡本內蘇維濃 Cabernet Sauvignon

喝葡萄酒的人都認得它，它也是全球種植面積最大的釀酒葡萄品種。那麼為什麼它是如今最流行的品種，而不是別的品種呢？

卡本內蘇維濃源於波爾多，在18世紀後半才在波爾多文獻中被提及，當然在此前此品種已經存在，只是不那麼被看重。主因是荷蘭人在17世紀中葉才將排水系統帶到河川下游低窪的波爾多左岸（沒有排水系統前，左岸是一片沼澤，無法生產葡萄酒），左岸礫石土壤為主，排水良好，更適合卡本內蘇維濃的生長。波爾多自12世紀以來就與英格蘭有深厚的政治與貿易關係，英格蘭不產葡萄酒，全賴進口，當時的波爾多因著政治上的關係，在稅收上有所減免，也讓大西洋的重要港口大大促進了對英格蘭的葡萄酒產銷貿易。波爾多可以說是第一個「國際貿易」為主的產區，也因此在國際投資與生產技術開發上都占有領先地位。英國在15世紀下半開始的大航海時代，於全球勢力有著不可撼動的地位，波爾多葡萄酒也因此從英國人的心頭好，變成全球新富的葡萄酒首選。

卡本內蘇維濃在波爾多雖然算是後起之秀，卻很快地站上重要地位。自荷蘭人在左岸的排水系統建成後，眾多「列級」葡萄酒莊園也陸續建成，生產更能窖藏，品質更高的葡萄酒。卡本內蘇維濃的先天特性：高單寧、高酸度、多量的酚類物質，對酒質的提升幫助甚大，並且與橡木桶有良好的交互作用。19世紀中葉，波爾多左岸梅多克（Médoc）產區經歷了一段無與倫比的繁榮時期，直到1980年代。如今這裡的葡萄酒仍以卡本內蘇維濃為主導品種。

英國在殖民時期的「日不落」勢力讓全球對波爾多葡萄酒有著像精品名牌般的期待，「新世界」生產的物資都是要供應母國的需要，卡本內蘇維濃也就早早在各地站穩腳步，生產波爾多左岸形態的葡萄酒。相對波爾多，新世界的產區普遍氣候更穩定，日照與熱量也更充足，卡本內蘇維濃晚發芽、晚成熟、生長季長的品種特徵在新世界也就更具優勢。

所以，為什麼是卡本內蘇維濃？答案可說歷史發展的「結論」吧。在已知的釀酒葡萄品種中多的是有相似特質的葡萄，只是它們沒有卡本內蘇維濃一樣的機遇。也許在某個「平行宇宙」，德奧匈與義大利贏得第一次世界大戰，全球種植面積最大的釀酒葡萄是山吉歐維塞（Sangiovese）呢。

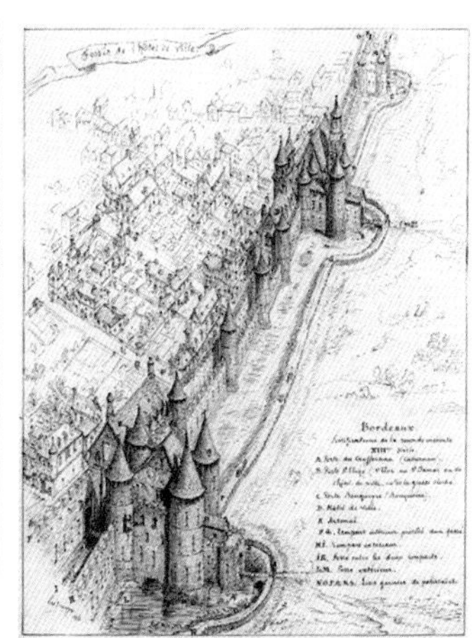

左｜波爾多交易宮與鏡面廣場。（圖片來源：Becks, CC BY 2.0）
右｜波爾多13世紀的城牆。（圖片來源：Léo Drouyn, Public domain）

一些推薦的卡本內蘇維濃產區

1. 波爾多左岸和格拉夫（Graves）產區：雖然波爾多是卡本內蘇維濃的故鄉，但左岸的先天風土沒有很好，卡本內蘇維濃在這裡還會遇到因自然因素無法成熟的問題，所以會與其他品種混釀以截長補短。但我個人喜愛低酒精度的左岸波爾多老酒，這個風格現在愈難見到了。新年分的酒，我更喜歡南邊一些的格拉夫產區，這裡的高品質紅酒的生產歷史比左岸更早，美國獨立宣言起草人傑弗遜總統（Thomas Jefferson）也盛讚格拉夫產區是波爾多最好的葡萄酒。。

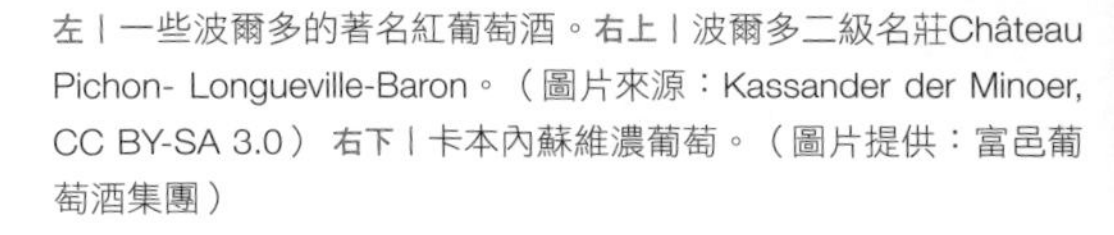
左 | 一些波爾多的著名紅葡萄酒。右上 | 波爾多二級名莊Château Pichon- Longueville-Baron。（圖片來源：Kassander der Minoer, CC BY-SA 3.0） 右下 | 卡本內蘇維濃葡萄。（圖片提供：富邑葡萄酒集團）

2. 北加州產區：我不是高酒精度卡本內蘇維濃的愛好者，而北加州在多年發展後，卡本內蘇維濃除了高酒精度也出現更細緻幽微的風格。但和優質的波爾多一樣，基本都要等待10年20年的陳年才會感受得到全貌！
3. 南非：新世界中最被低估的產國之一，1970至90年代的卡本內蘇維濃垂直品飲經驗，讓我對於南非卡本內蘇維濃的陳年發展印象頗深。許多近代生產者的卡本內蘇維濃高階作品常常是物超所值！

其他的比如義大利托斯卡尼產區、西澳瑪格麗特河產區等，也常有我個人喜愛的作品。

左 | Wynns 卡本內蘇維濃葡萄。（圖片提供：富邑葡萄酒集團） 右 | 騎士谷-卡本內蘇維濃。（圖片提供：富邑葡萄酒集團）

梅洛 Merlot

梅洛常常被看做卡本內蘇維濃的小弟：它的單寧比卡本內蘇維濃少一點，顏色比卡本內蘇維濃淡一點，酸度比卡本內蘇維濃低一點。梅洛通常比卡本內蘇維濃更豐滿（酒精更高），果味更濃郁而柔和，但也可說味道不那麼突出。對飲者而言，這是優點也是缺點，如果是年輕即飲型的波爾多紅酒，梅洛的比例通常很高，年輕時的梅洛更容易入口並且討喜。事實上，波爾多雖然以卡本內蘇維濃聞名，但梅洛種植面積是紅葡萄的65%，梅洛才是波爾多最重要的紅葡萄。

雖然梅洛在波爾多種得滿山遍野，喝的人也多，但法國人對這個品種傳統上卻沒什麼好話，標準的「口嫌體正直」：法國人認為梅洛太「投懷送抱」、太「輕易」、沒有「矜持」。一款酒太平易近人對這群性格扭曲的「品酒人」而言，變成十惡不赦的缺點。

梅洛在現代的DNA判定上確定與卡本內蘇維濃有關，所以喝起來這兩者有相似之處，特別是「青椒味」。卡本內蘇維濃的確常常有這生青椒的味道，

左｜波爾多著名的Pétrus酒莊，此莊紅酒完全以梅洛釀製，卻在波爾多站穩最高品質與歷史地位。（圖片來源：Giogo, CC BY-SA 4.0）

但我認為梅洛更接近生辣椒的香味，還是不太一樣的，波爾多的梅洛也常常出現像是蘆筍汁一樣的味道。而不管是卡本內蘇維濃還是梅洛，如果這種味道太強烈，其實都應該視為葡萄園管理或是年分缺陷，因為過度的生青味意思就是葡萄的風味物質不成熟，只是波爾多處於卡本內蘇維濃與梅洛生長的北界，日照量與溫度在過去數百年一直是個問題，但波爾多成名已久，生青味倒成了「產區風格」。

跟著卡本內蘇維濃的腳步，梅洛目前是全球第二大種植面積的釀酒葡萄。但梅洛的終極邊疆還是要回到波爾多右岸，包括聖艾米利翁（St-Émilion）與波美侯（Pomerol）。梅洛對土壤排水的要求不像卡本內蘇維濃那麼苛刻，波爾多右岸以黏土為主的混合型土壤，加上地質作用形成的丘陵與微氣候差異等，這一切造就梅洛極出色的表現。所以在這裡，梅洛主導的優質酒款品質與價格都不輸給左岸列級莊，波爾多最昂貴的酒也在此區而非左岸。優秀釀酒師的能力從不受品種限制，就算梅洛看似什麼都比卡本內蘇維濃少一點，卻全無礙於它的完美發揮。整體而言，梅洛是「易學難精」的葡萄。

梅洛比卡本內蘇維濃更能適應潮溼與冷涼的氣候，比如義大利東北部靠近阿爾卑斯山的產區，梅洛的表現就比卡本內蘇維濃好很多。對於少雨的新世界產區，梅洛也可以適應良好並提供相當豐沛的產量，所以加州的梅洛曾經也是種植量第二大的品種。直到2004年的電影《尋找新方向》（Sideways），主角討厭梅洛的媚俗與普通，結果造成梅洛銷售下滑，最終讓出第二名的寶座給了黑皮諾（Pinot Noir）

梅洛也是與橡木桶能良好交互作用的品種，所以不僅在波爾多，現今全球高階的梅洛都會使用新桶妝點它，讓酒質與酒體更能融合為一。市面上的波爾多左岸列級莊的酒其中大概都有30%~50%的梅洛，右岸的話則通常超過60%甚至100%。梅洛在左岸列級莊的調和中柔化卡本內蘇維濃的堅硬與桀驁不馴，包覆了稜角，完整了「風格」。所以梅洛其實更像英雄身後的功臣，而不只是個「細漢仔」。

左｜納帕谷葡萄酒列車的「梅洛號」車廂。右｜梅洛葡萄。（圖片來源：Silverije, CC BY-SA 4.0）

4-3

希哈 Shiraz / Syrah

如你所見，這葡萄有兩個名字，一個是英文Shiraz，一個是法文Syrah。雖說講的都是同一種葡萄，但實戰上還是有所不同。

在大眾市場，Shiraz是比較容易見到的名字，根據歷史考證，一說是Shiraz是澳洲人在19世紀給Syrah取的名字，另一種說法是Shiraz來自古波斯的城市名稱（這城市如今仍在），還有人說唐朝「葡萄美酒夜光杯」，喝的就是這個品種（稗官野史聽聽就好）。而今幾乎所有新世界的酒商都使用Shiraz標示在酒瓶上，其中最出名的產國當然就是澳洲了。希哈在澳洲可說是遍地開花，澳洲一些最有名最昂貴的酒款（比如最出名的葛蘭許〔Grange〕）也常是希哈釀造，入門款的就更多了，很多消費者包括澳洲當地人都把希哈當成澳洲的代表品種。因為氣候穩定日照強烈，這裡的希哈一般而言都是豐滿濃郁的風格：充滿完熟的黑色果實味、磨碎的綜合香料味（有時更像是磨碎的黑胡椒），而我常覺得澳洲高酒精度的希哈聞起來有著剛出爐法國棍子麵包的脆皮香味。希哈的酚類物質含量很高，可以經得起新桶的陳釀，展現品質的提升，所以中高價的希哈常使用新法國桶或新美國桶釀造，渾厚而華麗。

自羅馬時代開始，希哈就是南法近地中海的隆河流域主力葡萄，在這個陽光明媚的地域，品種名回到法文的Syrah。地中海岸陽光充足，天賜許多釀酒葡萄品種，傳統上農人信手拈來，便以混合釀造為多，比如南隆河的教皇新堡產區（Châteauneuf-du-Pape AOC），包括希哈在內的法定品種就有18種，其中有紅也有白，可以統統混在一起做酒。向北部隆河上游進發，這裡低產的希哈品質極佳，可以說是希哈在全球的頂點。北部因為緯度更偏北，海拔更高，地形也因河川切割山脈而陡峭破碎，溫度與日照的程度也與南法不同，所以酒風偏向高酸，輕盈、花香飄逸卻不失結構的風格，甚至顏色也會比較淡一些，但這不是缺點，而該說是希哈的另一個面貌。所以若是酒瓶標示Shiraz，那就比較可能是像澳洲陽光熾烈高酒精的完熟噴香的黑色水果風格，標示Syrah則更像是北隆河的中度酒體，更多花香調性，稜角更明顯，酸度也更立體。無論是哪一種，希哈一般而言都偏向陽性，差別大概可說是巨石強森與李小龍的對照吧（好像有點不倫不類）。

左｜教皇新堡產區的葡萄園。（圖片來源：jean-louis zimmermann, CC BY 2.0）
右｜隆河谷的葡萄園。（圖片來源：Véronique PAGNIER, Public domain）

基於希哈飽滿多姿的天性，北隆河的希哈，特別是埃米塔吉（Hermitage）這個才一百多公頃的小產區，這裡的酒莊酒農最愛話當年的輝煌。18至19世紀時，波爾多左岸的頂級酒莊（有史可考的包括拉菲堡〔Château Lafite-Rothschild〕）經常來買他們的希哈，波爾多一線酒莊來買希哈當然不是為了自己喝，而是要混調於他們的莊園酒款中以提升結構與風味，所以古早的波爾多喝起來跟現在完全不同。現在的澳洲也有很多希哈與卡本內蘇維濃的混釀，某個角度也是緬懷與致敬吧。

由於成熟外放的酒風更容易獲得市場青睞，希哈目前是世界上種植面積第六大的釀酒葡萄品種（2010年國際葡萄與葡萄酒組織〔OIV〕數據）。市場一直以來比較追逐希哈這種成熟豐滿討喜的類型，澳洲南澳洲（South Australia）大區的巴羅薩區（Barossa Zone）可說是希哈風格的聖地，這裡的名酒紛呈又各有釀酒師的個性在其中，若有機會一次性的多方比較，相信是你品酒能力的震撼與飛躍；但我更喜歡比較冷涼產區的希哈：更細緻、細節也更多。除了北隆河著名的羅第丘（Côte Rôtie）與埃米塔吉產區，澳洲巴羅薩的次產區伊甸谷（Eden Valley）、北加州臨聖帕布羅灣的洛斯卡內羅斯（Los Carneros）都有這種風流倜儻的花美男。一樣的葡萄，兩個名字，兩種性格。純釀時性格百變，混釀時個性亦鮮明。一杯在手可以盡享各種變化，若是配上肉品佳餚，特別是肋眼牛排這種純爺們的美食，Shiraz會給你暢快淋漓的體會（我建議可以配上澳洲牛肉，聽說澳洲的牛都是吃希哈釀酒留下的葡萄渣長大的呢！）。至於花美男Syrah，我更喜歡單獨細品它那狐媚雌雄莫辨的妖嬈。

右上｜法國隆河丘產區俯瞰。（圖片來源：Jérémy Toma, CC BY-SA 4.0）
右下｜法國南隆河的教皇新堡產區。（圖片來源：BlueBreezeWiki, CC BY-SA 3.0）

黑皮諾 Pinot Noir

黑皮諾，一個有公主命卻也有公主病的釀酒葡萄。古早時代它便被貴族與統治階層捧上了天。現代的黑皮諾則是占據了高價酒款與投資者的目光，它自出世就不曾受冷落，公認是最傑出的「 風土」 品種，與宗教勾連甚深，許多釀酒師將它做為一生追逐的聖杯。

黑皮諾是一種皮薄、單寧較少、顏色較淺的品種，而黑皮諾皮薄的特徵，使得它對病害的抵抗力較低。它也是早萌芽的品種，初春的霜害也就是它能否在這一年茁壯成長所要先面對的大魔王。黑皮諾早萌芽又晚熟， 這代表它在生長季要面臨更多的自然威脅，產量通常也不高，葡萄藤也容易被黴菌與真菌病害侵襲。講到這裡，你應該對黑皮諾「公主病」的性格有所了解，黑皮諾像是久居深宮的公主，需要更多的呵護，它不識世間險惡，一旦遇上就毫無抵抗力。

這麼麻煩難搞的品種，按理說早就被其他天生天養的葡萄取代了，但為何沒有呢？那是因為黑皮諾根據種植地區氣候與土壤的不同，釀出的酒質可以產生明顯的差異。同地的葡萄園，僅隔一條小路，就可以做出完全不同的酒，這也就是它「風土之王」的稱號由來；再者，黑皮諾的原生地是勃艮地，歷史上的勃艮地在羅馬帝國時代就以高品質的葡萄酒聞名。四世紀起就有天主教會的勢力，十世紀起，本篤會的分支克魯尼會（Cluny）和熙篤會（Cîteaux）的僧侶將祈禱和勞動結合起來發展農業活動，特別是葡萄酒。僧侶磨練精進葡萄酒的知識，不斷改進並代代相傳：從修剪到比較和選擇品種，再到葡萄酒的陳釀。但最重要的是他們為「風土條件」的定義奠定基礎，影響了之後一千年至今的葡萄酒釀造哲學。

此時的勃艮地葡萄也還是很多種類的，比如身強體壯的佳美（Gamay）就很有話語權。但在1395年，勃艮地公爵「大膽菲利普」頒布禁令，把大部分佳美拔除，鼓勵種植黑皮諾，自此黑皮諾透過勃艮地公國強大的政治勢力與教會體系，乘著「文藝復興」的浪潮，造成勃艮地葡萄酒風行全歐洲。所以說黑皮諾是「公主命」也是毫無違和。只要你搞得定它的脾氣，黑皮諾所展現的華貴雍容與和諧真的很難有其他品種比得上。不過最近黑皮諾熱潮太烈，價格炒作得很凶，勃艮地那些又小又有個性的一級園或特級園的酒真的是一瓶可以抵上一台車。

好的黑皮諾給人什麼感覺呢？年輕的黑皮諾會以紅色漿果的鮮爽香氣為主，偶有橙皮與紅茶香氣，中等不肥滿的口感，酸度明亮，還常常帶有「礦物味」（在紅酒這是比較難得的）。良好陳年的黑皮諾則多元複雜與和諧：松露、溼土、獸欄（聽起來不好聞，但這是優質老勃艮地紅酒常有的味道）。除了香檳區，黑皮諾幾乎都是純釀，傳說這與天主教的觀念有關，現在則是約定俗成（要喝到黑皮諾與其他品種混釀的靜態酒也不容易就是）。

很多釀酒師將黑皮諾視為高階挑戰。首先它在葡萄園就比其他品種難照顧，太冷太熱太乾太溼統統不行。到了酒廠，釀酒師要多方遷就黑皮諾的先天條件，比如過重的桶味就不適合，發酵溫度高一點低一點都會出現不同結果，所以在勃艮地的釀酒師把每年的釀造都看做全新的挑戰。不僅在勃艮地，在歐洲的德語區，黑皮諾做得越來越好，也越來越受歡迎。亞爾薩斯的黑皮諾近年突飛猛進，德國則更為明顯，黑皮諾是自2012年德國種植面積第三大的品種，而且價格挺好，多汁可愛。

黑皮諾是「高難度」品種，可越難搞就越有人不信邪。新世界產區的黑皮諾應以紐西蘭最出名，美國的最貴，在澳洲一些冷涼的產區比如雅拉谷（Yarra Valley）或是塔斯馬尼亞都有相對精采的作品。但就像前面說的，黑皮諾更喜愛冷涼多一點，太熱的產區，黑皮諾就很容易糊成一團而面目全非，這是你選購黑皮諾時要注意的地方。

左 | 法國勃艮地的黑皮諾。（圖片來源：PRA, CC BY-SA 3.0）
右上 | 南澳摩寧頓半島的黑皮諾。（圖片來源：CSIRO, CC BY 3.0） 右下 | 轉色期的黑皮諾。（圖片來源：Missvain, CC BY 4.0）

4-5

夏多內 Chardonnay

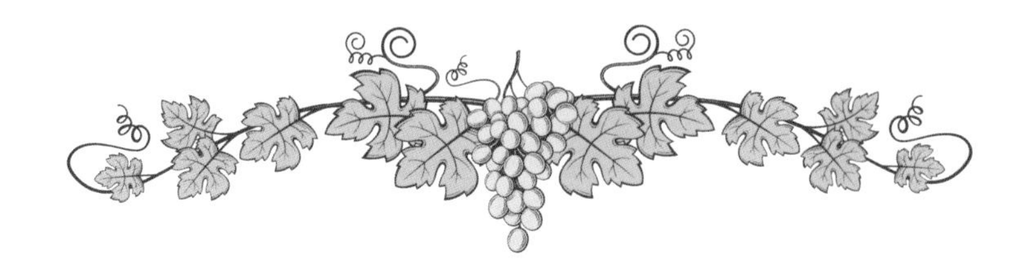

作為最知名的白酒葡萄，夏多內幾乎是全球酒廠的必修學分，只是夏多內並非營養學分，不是人人都修得到好成績。平庸又四處流竄的夏多內也一度讓人翻白眼講它anything but Chardonnay，還有人說用桶過重肥滿黏滯的夏多內根本是橡木果汁。所幸這樣的情況漸不復見，現在酒廠與品酒人的要求今非昔比，表現秀異的夏多內也在各產區此起彼落。從最知名的勃艮地伯恩丘區（Côte de Beaune）和夏布利區（Chablis）開始，夏多內走進義大利和西班牙，走進加州開拓了蒙特雷納（Montelena）酒莊傳奇，更不消說是紐澳與阿根廷智利與南非，甚至在自然酒風潮中也頭角崢嶸。這些年，我也越來越不敢斬釘截鐵對口中的夏多內妄下斷語，因為釀酒人正成功在酒中刻畫風土與個性，脫離夏多內平淡的表象。

與其說夏多內常常很平庸，不如說夏多內的「脾氣」太好：口味平易近人，性情四海為家；天氣冷，很好，熱一點，也OK；不用橡木桶？OK，很多橡木桶？也OK；新鮮喝挺好，陳年後更好。每位釀酒師好像都可以對它擺弄

↑ 法國勃艮地伯恩丘的山坡葡萄園。（圖片來源：© Pierre André, CC BY-SA 4.0）

一番，做出還不錯的酒。但也因為它好種好釀沒太多脾氣個性，就少了「中心思想」，要做得出類拔萃就沒那麼簡單。浸桶多了怕夏多內的光華被遮掩，追求果串的成熟度又怕失了精神，隨便一個步驟差別都會讓酒畫虎不成，最簡單其實也最難。

好像沒有別的葡萄像夏多內一樣，如此有名廣泛又如此變化多端。釀酒師若要在酒中畫一幅風土美景，夏多內就是那易於上手的顏料畫布，沒有強烈的主導性品種香氣，反而成為優點。雖然單一葡萄品種在釀造上的多變性，向來不是主流品飲討論的重點，甚至不能「從一而終」而是「什麼都好」的葡萄品種聽來實在不怎麼名譽，但口感品嘗最終決定於自己而非他人，即使曾經落得一句anything but Chardonnay，也不是永遠。現在闡述它為awesome brilliant Chardonnay，寧非更見中肯。

說到釀造，夏多內自古以來與橡木的關聯極大，為不那麼多味道的夏多內添上許多迷人的氣息。勃艮地的夏多內，特別是特級園，站立在全球夏多內的巔峰，也是後世釀酒師效法追求的對象，千年來虔敬的僧侶為了上帝釀酒一心求好的傳承，讓夏多內的內斂性格磨得光亮。隨著葡萄酒世界的開展，夏多內在各地開枝散葉，於是夏多內可以用不鏽鋼桶釀成清爽酸冽的開胃飲品，也可以用橡木桶釀得金黃閃耀華麗懾人，戲謔地說，它如同女人的裝扮般，可以是清涼可愛，也可以是華麗時尚。種種都屬夏多內更加魔幻誘人的風貌。

我喜愛的夏多內產區

1 **勃艮地產區**：這裡的酒最近越來越貴了，但是論變化與精采程度，仍然是世界一流。我們不能把勃艮地視為一種風格，因為這裡的風土變化在酒裡的呈現就像萬花筒，但這裡的酒又很容易一飲即明。說這裡是夏多內的究極邊境，想來不會有人反對。

2 加州夏多內：前面說的「橡木果汁」就是這裡的早期風格，加上日照充足，濃郁厚重奶油氣息強烈，但這已不是唯一的面貌。鄰近海岸與舊金山灣區的冷涼產區，比如西索諾瑪海岸（West Sonoma Coast）與卡內羅斯（Los Carneros）都有近似勃艮地的清冽風格夏多內，早已打破加州夏多內油膩的刻板印象。

3 紐西蘭馬爾堡（Marlborough）：這裡在大眾市場一向以白蘇維濃（Sauvignon Blanc）聞名，但這裡的夏多內品質卻是我認為完全被低估的，而且知名度低，價格反而很不錯。想購買的人可以找本區優質白蘇維濃的酒廠下手。

其他的還有澳洲的阿得雷德山（Adelaide Hills）與雅拉河谷（Yarra Valley）、智利的卡薩布蘭卡（Casablanca）與聖安東尼奧（San Antonio）、德國的法爾茲（Pfalz）。夏多內真的到處都有，所以任何產區或產國都值得你親自一試。

左上｜法國勃艮地伯恩丘的葡萄園。（圖片來源：© Pierre André, CC BY-SA 4.0）左下｜法國勃艮地伯恩丘的葡萄園。（圖片來源：Megan Mallen, CC BY 2.0） 右上｜夏多內葡萄。

4-6

白蘇維濃 Sauvignon Blanc

初聞白蘇維濃，多得是青色的氣息，如新綠的草地，也像剛發的新木樬芽，新切的青椒，新鮮軟和的番石榴，情人果的酸甜香。觀其色也是如此，簡單的白蘇維濃，淡淡的青綠色，隱然有什麼蠢蠢欲動，翠玉小溪冷冽奔流，林間樹木參天徐徐微風。那種青澀的，鮮亮的，精神飽滿的，綠意盎然的印象，水分充盈，活潑歡然。有些產區的白蘇維濃還會有鞭炮的火藥香、打火石般的礦物或金屬氣息。是不是像你某些到處惹事的中學同學，制服和書包釘釘釦釦，一副有恃無恐有話大聲講的樣子，不過他們常常也不是壞人，就只是青春的莽撞罷了。

若要找個關鍵字，白蘇維濃的代表字就是「青」，用台語念更有味道，不只是顏色，連同生澀、未成熟、酸氣較高的感覺，一字道盡。原產在法國波爾多地區的白蘇維濃，如今在世界各地主要產酒國都有釀造，多半的時候，白蘇維濃釀成果香奔放，簡單好喝的類型，通常它較多的香氣在第一時間就會抓住你的注意，像春天的草花賁張怒長，一股地氣沖鼻而來，聞到了你就知道春天到了。

很多地方都有的白蘇維濃，在各產地的表現風格仍然不盡相同：法國波爾多的白蘇維濃常常混合榭密雍（Sémillon）釀製，取其厚身的酒質與白蘇維濃酸香相互平衡。也常常運用橡木桶以增添豔媚豐腴；單一純釀的白蘇維濃在法國羅亞爾河區的松塞爾（Sancerre）產區與普依芙美(Pouilly-Fumé)產區，以純美之姿又加上風土帶來的爽脆礦石感，口感舒爽而香氣綿長，獨樹一格，常有眾多驚喜的純釀白蘇維濃酒款，基本型的品質已然相當出色。

羅亞爾河區近來勃興的自然農法應用更造就白蘇維濃鮮明絢爛的一面，如同德布西（Claude Debussy）在他24歲所作的名曲〈春〉（Printemps，1887)，以弱音起始說明冬盡春至前的忍耐，管樂拉出清亮仍冷冽的陽光，弦樂舖陳森林中的生機激動，逐漸鮮明的翠綠與芬芳迸裂，末段的詼諧樂句展現喜悅，德布西自述他對這曲子的情感豐沛洋溢，因為春天就是生命。這首「青澀」的樂曲是他以印象樂派大師屹立樂壇的先聲，也極切合我對此區的特別偏好。

↑ 法國畫家瓦松（Paul Vayson）的畫作《春》（1884年）。卡爾卡松美術博物館典藏。（圖片來源：CC BY-SA 4.0）

左 | 法國羅亞爾河內陸的Pouilly Fumé產區。（圖片來源：Cjp24, CC BY-SA 4.0）
右 | 白蘇維濃葡萄。（圖片來源：User: Vl, CC BY-SA 3.0）

新世界的白蘇維濃以紐西蘭的表現最為亮眼，因為氣候較冷，白蘇維濃表現就會較清洌而多酸，但紐西蘭的白蘇維濃瘦不見骨，仍有多重的白色花香、柑橘類清新香氛，以及不致讓人反感的綠草香。而市面上最常見的南美洲智利、阿根廷，以及美國加州與澳洲的白蘇維濃， 因氣候穩定日照充足，口感較圓滑，也常與其他品種混釀。美國的白蘇維濃有時也會標示成Fumé Blanc，取其濃厚風格為形容。Fumé是法文煙燻之意。

選擇白蘇維濃作為餐酒是很聰明的選擇。它的香氣多，討人喜愛，中度的口感，多酸的滋味，與簡單的食物都可以搭配。中式日式都不錯，如果是吃生魚片，一瓶不太貴的，顏色清淡偏綠，未經橡木桶陳年的白蘇維濃就大致可以配合自如。可以試試義大利中北部或是西班牙中北部白蘇維濃，或是紐西蘭的平價白蘇維濃。若是熟食，波爾多兩海之間（Entre-Deux-Mers）的白酒、天氣穩定的新世界白蘇維濃都可以試試。

白蘇維濃屬於春日，屬於青澀的年少，固然少年老成亦不見怪，還是冒冒失失自然而然的最好，顏色清淡的沒有歲月作梗，香氣雙手亂搖要你注意，一杯瑩碧脆爽的白蘇維濃，憶起校園的綠意盈盈，帶我回到自大自卑情緒反覆的十五二十時。

4-7

雷絲玲 Riesling

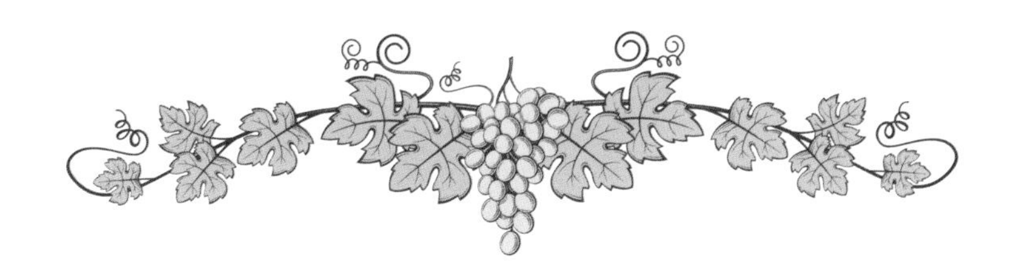

雷絲玲若即若離的甜美可愛，吸引許多初嘗葡萄酒的人，尤其是女性！蜜桃與蜂蜜甜、清麗的檸檬香氛，以及花朵微微，像是化妝品一樣的味道；口中的甜美又有令人垂涎的酸度、略低的酒精度，以及瘦不露骨的口感。可惜的是，也因為它甜美的直觀印象，使太多人就此貪戀停留。雷絲玲實質上有孤高的距離感，甚至是一種不屑，優秀的雷絲玲不會獻媚，即使甜美可親，也不失骨幹與態度，飲家追索的也在此間：聽它訴說北國的風土之思，以及紮根深藏的生命遒勁，多少的內蘊藏鋒在透明的香氣之後，知性美貌並具。如同秋天的透明晴空，包含著各種的鮮明、詭魅、蕭索、凜冽。

對我而言，雷絲玲的銳利線條是迷人之處，堅挺的酸度、礦石風格與特出的「汽油」味，才是雷絲玲的存在感，是她在甜美之後的嚴肅本質。首先，雷絲玲的釀造不習用橡木桶，也不習用乳酸發酵（MLF）及攪桶等技法，沒有外來的香氣口感幫補，全然以本質取勝，這在其他品種完全是入門款式的規格，卻是唯一能讓雷絲玲盡顯風華的方法。而她的高酸度使得陳年的表現上彷

左｜片岩。（圖片來源：Bering Land Bridge National Preserve, CC BY 2.0）右｜頁岩。（圖片來源：Basicdesign, CC BY-SA 3.0）

佛凍齡，盲飲體驗多次證明這一點。雷絲玲又習於生長在冷涼地帶，因此酸勁比起其他品種常常更加有稜角與線條感，支撐著酒體挺直不墜，在優質的雷絲玲遲摘或貴腐酒款中更彰顯其難得之處，酒汁在舌上豐美之中，總有酸氣如似青春的追憶閃耀明亮。雷絲玲也是易於反映風土的品種，喜於頁岩板岩的土壤生長，帶出堅實的礦物風味，她更敏感於氣候，所以風土特色也加乘明顯，是品飲雷絲玲的趣味。而她特出的「汽油」味特徵，來自於三甲基-二氫萘，這種化學物在其他品種少見，經過陳年後其風味能更加強展現，但也有許多年輕的雷絲玲聞起來就像進了修車廠一樣。許多科學家認為三甲基—二氫萘是β-胡蘿蔔素的衍生物，而雷絲玲的β-胡蘿蔔素含量比起其他種葡萄更高，以致陳年的雷絲玲的汽油味愈發增強。結合純淨果味、明確的酸度、精巧礦物感和特別的汽油味，雷絲玲的特質就像是鑽石的切面般互相輝映，精緻迷人。

沿著德國摩塞爾（Mosel）河岸，以及臨近的薩爾（Saar）與烏沃（Ruwer）產區有著全球最好的甜型雷絲玲。陡峭的河谷，坡上都是破碎的灰

左上｜德國摩塞爾產區。（圖片來源：Friedrich Petersdorff, CC BY-SA 2.0）
左下｜德國雷絲玲葡萄園。（圖片來源：Touriste, Public domain）

色板岩與頁岩，別說種葡萄，連走路都困難，還好有僧侶的努力苦行，為了信仰而盡心竭力，才有今日的雷絲玲的深刻內涵。得利於河流的溫度調節，摩塞爾雷絲玲的水潤嬌媚不致被冷冽天候打敗，許多名廠在此雕琢出各型各色的傑出雷絲玲，一般而言屬於古典而細膩的風格；另一個著名產區萊茵高（Rheingau），是德國萊茵河雷絲玲產區的標竿，氣候較為溫和，使得酒身較為豐腴，酒款有更平易近人的表現。隔著萊茵河，亞爾薩斯的雷絲玲有著截然不同的風格，不僅是干型口感主導酒精度高，其所處的風土架構：紅頁岩、金屬含量高的板岩，給予亞爾薩斯雷絲玲在礦物感較為特出的風格，在各個特級園中有鮮明的表達；奧地利的雷絲玲主要產於瓦郝（Wachau）、克雷姆斯塔（Kremstal）及坎普塔（Kamptal），以不甜的型態為主，口感精巧頗有時尚感。新世界的雷絲玲也有著多元的風格，紐澳的雷絲玲、華盛頓州的雷絲玲，甚至近期受矚目的智利雷絲玲，都已頗有架勢，值得一親芳澤。

↑ 雷絲玲葡萄。（圖片來源：Bauer Karl, CC BY 2.0）

4-8

格納希&佳美 Grenache & Gamay

你身邊有沒有這樣的朋友，小時候不是太笨，有個勉強可說是虛張聲勢的青春期，但他不是全無想法任命運擺布，他認分努力也相信自己有本事與未來，於是經過很多年的跌跌撞撞，終於闖出自己的一片天空。

你沒看錯書，我也沒走錯棚，因為我認為格納希與佳美就是這樣的品種。常常被認為平凡普通，面目模糊，所以釀造時也不會好好對待。佳美總是釀成便宜酒，格納希總是跟著其他品種混釀，這根本是惡性循環，所幸近年來風土觀念與自然酒的興起，還有眾多獨具慧眼的釀酒師，讓這兩個品種的光輝如今不輸給任何品種，甚至鋒芒更勝。

佳美的「身世」還蠻悲情的，雖然它也源自「尊貴」的勃艮地，甚至今日仍是勃艮地的法定品種，但勃艮地公爵「大膽菲利普」曾對佳美頒布禁令。這份禁令強調佳美是非常「不誠實」 的葡萄，還說喝佳美會生大病，因此佳美的種植大部分轉移到薄酒萊（Beaujolais）產區，釀成農民平常喝的劣質酒，上不了貴族的餐桌。和黑皮諾不同，佳美體質強健產量大，對日常也亟需葡萄

↑ 南法Châteauneuf du Pape的老藤格納希葡萄園。（圖片來源：Treephoto, CC BY-SA 4.0）

酒的中下階層，其實很重要。各位熟悉的薄酒萊新酒（Beaujolais Nouveau）則上溯19世紀，「新酒」指的是當年收穫「馬上釀成」並「出廠上市」的酒。人們會約定個時間一同聚集慶祝暢飲（現在的規定是11月第三個星期四），簡單說就是慶祝一年收成的「豐年祭」。雖然新酒並非薄酒萊產區獨有，但透過商業操作，這股風潮從巴黎到倫敦，從日本到台灣，成為我們熟悉的葡萄酒節慶，充滿甜美草莓香與香蕉味的「薄酒萊新酒」也成為多數人對佳美的唯一印象。

故事當然不能只講到這裡，自21世紀起，佳美在薄酒萊迎來了品質上的飛越與復興。新酒採用「二氧化碳浸漬法」迅速釀造，才趕得上11月第三個星期四在全球同步開瓶，但勃艮地傳統釀造法才是發揮佳美完整潛力的方法。與黑皮諾一樣，佳美現在被認為是「風土品種」，薄酒萊產區也是蓬勃的自然酒運動重鎮，特別是在薄酒萊產區十個特級村，甚至單一園的酒款，無論是不是自然酒，我都品嘗過傑出深刻的作品：紮根在貧瘠的花崗岩與頁岩，從險惡中汲取養分，果味與礦物風味充盈，酸度活潑且具內涵，陳年後發展出令人驚異的複雜度。傑出作品已不輸給勃艮地一級園的酒質，早先有人說薄酒萊是攀附勃艮地的「窮親戚」，此謬論可以休矣。

格納希與佳美可說是一對難兄難弟。格納希源自南法與西班牙近地中海一帶，耐旱好種產量高。和佳美一樣，在1980年代由於葡萄酒產量過剩，歐盟補助農民拔除過多的葡萄藤，滿山遍野的格納希首當其衝，加上人們在種植上的忽視，地中海區的格納希普遍味道不多、顏色不深、單寧也不夠，大多釀成便宜的粉紅酒，或是與其他風味與顏色更強力的品種混釀，沒有好好管理的格納希果實的風味稀釋，唯一優勢就只有酒精度更高，被這樣對待也毫不意外。但和佳美一樣，21世紀之後釀酒師發現老藤格納希的無窮潛力，全球產區開始盤點這些倖存的格納希，於是在南法與西班牙開始出現標榜60年甚至百年

左上｜法國薄酒萊葡萄酒博物館。（圖片來源：Sunappu-shashin, CC BY-SA 4.0）左中｜法國薄酒萊產區。（圖片來源：karaian, CC BY 2.0）左下｜佳美葡萄。（圖片來源：Marianne Casamance, CC BY-SA 4.0）右上｜格納希葡萄。（圖片來源：Josh McFadden, CC BY-SA 2.0）右中｜法國薄酒萊產區（圖片來源：Geoff Wong, CC BY 2.0）右下｜法國羅亞爾河區的佳美葡萄。（圖片來源：titou.net, CC BY-SA 2.0）

左｜勃艮地公爵菲利普二世於1395年以佳美的品質低下為由下令禁止種植，還好勃艮地的佳美葡萄仍有部分存留下來，所以佳美今日仍為勃艮地的法定品種之一。（圖片來源：Kunsthistorisches Museum, Public domain）

藤的純釀格納希。在澳洲巴羅薩有超過150年的珍貴「先祖藤」，在麥克拉倫谷（McLaren Vale）有1946年種下如今生機勃發的格納希。老藤格納希就像是老欉文旦，產量低，顆粒小，風味卻更集中。對更具陳年潛力的老藤格納希，提早採收保留酸度降低酒精度似乎已是一條明路，同時生物動力農法也對酒款有積極正面的影響。格納希走過瘋長的青春期，經過數十年的紮根與砥礪，懂得把美好留在果實中，顏色深沉了，酸度與酒精平衡了，熬得住陳年發展了，就像是蝴蝶般破蛹而出，你看不到它還是毛毛蟲的樣子。

很有趣的一點是：佳美與格納希現在都常常與黑皮諾相類比，尤其是風土表達的能力上。佳美與黑皮諾比較好懂，這兩種葡萄都是皮薄色淡高酸的品種，在歷史上也有淵源；格納希則被很多釀酒師稱為「地中海的黑皮諾」，不過必須是老藤格納希（至少60年）才堪此稱號。

↑ 俯瞰法國薄酒萊產區。（圖片來源：©Fibois69, 2016）

4-9

內比歐露&山吉歐維塞
Nebbiolo & Sangiovese

義大利是葡萄酒天堂，不只是因為產量很大，義大利的釀酒葡萄種類也很多，所以你想得到與想不到的葡萄酒類型，義大利都有，比如北義有一款酒叫做Vermouth，中譯為苦艾酒。苦艾酒在調酒中的地位太重要了，只要是雞尾酒吧就一定有的酒款，苦艾酒就是一種加香加烈的葡萄酒。

雖說義大利可以說是泡在葡萄酒裡的國家，但能代表義大利的釀酒葡萄品種卻沒有幾個，這可能與義大利人的強烈地域性有關。義大利國土分成20個大區，對於要學葡萄酒的人根本可以視為20個國家。區域之間有排他性，一種葡萄在不同大區常有不同的名字，釀法也可以大不相同，這樣的現況就會「稀釋」大多數人的認知：一種葡萄有很多名字又有很多產區與風格，結論就是面目模糊。

還好也因為歷史悠久，有些品種「累積多年」的聲量，還是頗有知名度的。內比歐露和山吉歐維塞兩個紅葡萄品種就有千年的釀製歷史，也常常與政

治家族與天主教會有關係。內比歐露紅葡萄原產於義大利西北部的皮埃蒙特（Piedmont）大區，最出名的兩個法定產區是巴羅洛（Barolo）與巴巴萊斯科（Barbaresco），號稱北義的雙B產區，價格亦不斐。內比歐露一般認為源自於「霧」這個詞：內比歐露葡萄的收穫通常在10月下旬，此時葡萄園經常籠罩在霧中，故名。內比歐露葡萄擁有高酸度高單寧的特質，酒色不那麼深，風味多元繁複，傳統上裝瓶後還要再等待一段時間才好喝（動輒以十年起計）。

左上︱各種巴羅洛葡萄酒。（圖片來源：Missvain, CC BY 4.0）左下︱內比歐露葡萄。（圖片來源：Hanna, CC BY 2.0）右上︱內比歐露葡萄藤。（圖片來源：Hanna, CC BY 2.0）右下︱內比歐露葡萄的掌形葉。（圖片來源：Agne27, CC BY-SA 3.0）

山吉歐維塞則以托斯卡尼為主產地，傳統產區集中在內陸區，特別是佛羅倫斯與錫耶納之間的丘陵地帶。這個名字可以翻譯成「主神之血」，這裡的主神指的是朱比特，祂是古羅馬神話的眾神之王。名字這麼威，可見山吉歐維塞對於此區人民的重要性。山吉歐維塞是義大利種植最廣泛的葡萄品種，因其高酸、緊實的單寧和陳年能力而備受推崇。因為它的種植量很大，對應的產區也很多，最出名的產區是經典奇揚地（Chianti Classico）與蒙塔奇諾的布魯內洛（Brunello di Montalcino）。其中經典奇揚地的瓶頸處會有一個黑色公雞標貼，黑公雞是經典奇揚地的代表性圖騰，不可以是別的顏色。

這兩種葡萄有共同的品種特徵：高酸度、高單寧，但顏色不那麼深，酸度與單寧讓它們的陳年實力更長久。內比歐露通常味道比較多純淨的果味與花香系，山吉歐維塞除了果味常會帶出草本類型的香氣，我就常常覺得山吉歐維塞有榻榻米的味道。義大利的傳統釀造方式多使用大型橡木桶，通常醇化的時間會較久。近代法式的小型波爾多式橡木桶引進義大利以後，風格開始出現分別，小桶柔化酒體的速度更快，也賦予更多的橡木風味，所以可以更早釀成更早飲用。新與舊的做法在這兩個品種與產區都是並存的，偶爾我們可以由內比歐露瓶身樣式去判斷：如果使用波爾多瓶，那麼這款酒更可能使用小桶陳年或現代釀造方式。

以下了解幾個義大利葡萄酒法規用字，可以協助你判斷酒質甚至價格：

- DOC與DOCG：DOC是Denominazione di Origine Controllata「法定產區」的縮寫；DOCG則是Denominazione di Origine Controllata e Garantita「品質保證法定產區」的縮寫，有些人會認為DOCG的品質高於DOC，但我覺得不一定。另一個字是IGP（Indicazione Geografica Protetta），這個分級字樣在法規上位階低於DOC與DOCG，但實際品質也不一定比DOC與DOCG差。
- Classico經典：出現這個字代表這瓶酒產自「傳統」產區。會出現這個

字，表示該產區經過多年發展「變大」了，為了區別，會再劃定一個區域表示該款酒的「經典」、「傳統」、「核心」產地以示區別。比如Chiaint DOCG與Chianti Classico DOCG的差別。有這個字通常也暗示品質更高。

- Riserva：表示該酒經過一定時間的陳釀以加強品質，至於陳釀多久可以加上這個標示就要看各產區規定。比如Barolo法定陳年需三年以上，標示Barolo Riserva則需至少五年的酒窖陳釀。

左上｜黑公雞是Chianti Classico DOCG的代表圖示。（圖片來源：Bijltjespad, CC BY-SA 3.0）左下｜義大利經典奇揚地產區的山吉歐維塞。（圖片來源：sherseydc:, CC BY-SA 2.0）右下｜義大利DOC與DOCG的不同瓶身標貼。（圖片來源：Pava, CC BY-SA 3.0 IT）

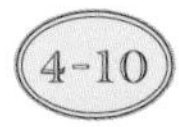

田帕尼優 Tempranillo

我很喜歡西班牙，這是孕育創造的古老土地，分子料理起源於此，世界第一的餐廳El Bulli也在這裡（El Bulli已於2011年歇業轉型為基金會），巴塞隆納聖家堂的奇思妙想，還有歐洲最浪漫的騎士故事唐吉訶德。

這些足堪權威的創新運動卻也都根基於歷史與傳統，舉個例子：西班牙西北方的加利西亞（Galicia）是天主教極重要的聖雅各朝聖之路（Camino de Santiago）終點，朝聖者從歐洲各地徒步來到這個又稱為「世界的盡頭」的地方敬拜與贖罪，聖地的交通也帶來許多其他國家的經貿科技。千年來，大部分朝聖者會從法國越過庇里牛斯山，沿著西班牙北部徒步八百公里到終點聖地牙哥德孔波斯特拉（Santiago de Compostela）大教堂，途中教會或城鎮都有庇護所讓朝聖者休息，當然也供應葡萄酒。這條路穿越整個西班牙北部，一路都是葡萄酒產區，也是西班牙最重要紅葡萄品種田帕尼優的原生地。

Tempranillo名字源於它的早熟特性（Temprano字義為早），它的葡萄皮厚，同時具備足量的單寧，能夠釀造出顏色深沉持久的葡萄酒，成為21世紀初西班牙最受歡迎的紅葡萄酒葡萄，並且聲勢持續看漲。田帕尼優產量也很大，可以釀成新鮮解渴的日常餐酒，也受得住釀酒師的嚴苛處理成為名貴酒款。有人說田帕尼優的一切特徵都是「中等」：顏色中等、酸度中等、單寧中等、酒精度中等，這當然不是絕對的真理，但你喝的時候倒可以想想。拿葡萄互比，西班牙的田帕尼優就相當於法國的卡本內蘇維濃吧。

↑ 田帕尼優葡萄。（圖片來源：Fabio Ingrosso, CC BY 2.0）

要說到田帕尼優就要提到西班牙最重要的葡萄酒產區里奧哈（Rioja）：18世紀以前，除了外銷國貿導向的雪莉酒，西班牙葡萄酒都是在地消費為主。18世紀中葉，這裡為了葡萄酒貿易建起鐵路，有些路段還直接開進酒廠，月台上設置巧妙的機關方便裝卸葡萄與葡萄酒。這條鐵路雖然早已功成身退，但遺跡猶在。19世紀下半，根瘤蚜蟲病從南法擴散毀滅了法國葡萄酒業，法國人急於找尋替代品，眼光就放到西班牙北部的里奧哈。於是法國酒商，特別是波爾多產區，與西班牙在地勢力結合，資金與技術迅速導入，當地酒業也隨之大幅擴張，成為當時歐洲最「創新」的葡萄酒產區。田帕尼優從此鯉魚躍龍門，不再只釀成鄉下日常酒，而是能堪新進技術雕琢的新貴。而法國酒商引進資金與技術時也帶來橡木桶陳年技術，田帕尼優的先天特質正好也與橡木桶相合，形成我們對於里奧哈紅葡萄酒的印象，也產生基於橡木桶陳年的分級制度。里奧哈葡萄酒的橡木風味也成為酒質的一大特點。

這個分級制度不單單只用在里奧哈，也擴散到西班牙全境，其上的分級字樣包括：

● Crianza：標示Crianza的里奧哈紅酒，桶中陳年至少一年，總陳釀時間至少兩年後才能上市。這個等級的價格不會很貴，也是許多酒廠在台灣市場的基本款。

● Reserva：標示Reserva的里奧哈紅酒，桶中陳年至少一年，瓶中陳年至少六個月，總陳釀時間至少三年後才能上市。這個等級會出現酒廠精選的年分或是精選的葡萄園。

● Gran Reserva：標示Gran Reserva的里奧哈紅酒，桶中陳年至少兩年，瓶中陳年至少兩年，總陳釀時間至少五年後才能上市。注重品質的酒廠不會每年都生產Gran Reserva等級的酒款，畢竟年分不夠好葡萄不夠強是撐不住這麼漫長的陳年的。

田帕尼優在西班牙很普遍，所以當然也有不使用橡木桶陳釀的類型。這種酒的重點是新鮮與果味，也就不一定有標示，或是只是標示Génerico。但不管是有沒有陳年或分級標示，田帕尼優都可以展現品種特色，而且與烤豬肉、燉豬肉、豬肉香腸臘腸等特別相合。

我總在喝田帕尼優時想到朝聖者向著聖地前行，朝聖之路上每個人各有心思，卻有一樣堅定的信念。田帕尼優亦復如此，有多變的表達，可以承受不同的釀造要求，但本質一致堅定而深沉。

左上｜田帕尼優葡萄藤。（圖片來源：Agne27, CC BY-SA 3.0）右上｜田帕尼優葡萄的掌形葉。（圖片來源：Marianne Casamance, CC BY-SA 4.0）左中｜田帕尼優葡萄。（圖片來源：Fabio Ingrosso, CC BY 2.0）右中｜（圖片來源：Fabio Ingrosso, CC BY 2.0）左下｜里奧哈老酒。右下｜里奧哈老酒。

4-11

國家代表：梅貝克 Malbec、卡門內 Carménère、皮諾塔吉 Pinotage、金粉黛 Zinfandel

學葡萄酒一陣子，你就會發現很多國家都有其代表性品種，對於剛入門的愛好者，從這些品種入手開始了解葡萄酒的一切，不失為一個好方法。特別是歐洲以外的產酒國，幾乎都有個齊名的葡萄，密不可分，你儂我儂。

說是代表性品種，不是說它土生土長。優質的釀酒葡萄都來自歐亞交界以西，因著大航海時代，這些葡萄也在各地安家落戶，有些水土不服，更有些像吃了大力丸一樣，在新的家鄉大放異采，成就原生產區做不出的大酒名酒。

加州的金粉黛（Zinfandel）：曾經在21世紀初，加州想把金粉黛正式授予「加州原生釀酒葡萄」的名銜，但在2004年的基因定序中發現金粉黛其實就是南義的皮米迪沃（Primitivo），這下就不是加州原生種了，但這不減低大眾對金粉黛的喜愛。金粉黛在加州淘金熱就出過好一陣子風頭，它先天的酒精

↑ 加州的金粉黛葡萄。（攝影：Frank Schulenburg）

度就較高，正符合當時大量的酒精需求。禁酒令後，所有的葡萄酒生產遭受毀滅性打擊，禁酒令因經濟大蕭條廢除後，正規的生產才慢慢恢復，當更多的釀酒葡萄進入栽植與生產，金粉黛的重要性也漸漸消失，很多金粉黛被拔除轉而生產其他作物。但有天某位生產者不小心把金粉黛做成微甜的粉紅酒，死馬當活馬醫咬牙讓它上市，這款酒名喚白金粉黛（White Zinfandel），結果大受歡迎直到現在！突然爆紅的金粉黛需求讓老藤被保留，五六十年甚至更老的金粉黛在正規釀造後成就一眾名酒。現在加州許多一線酒廠都有金粉黛的高階款，酒農也更懂得發揮實力，在中階價位與入門價格都能看到優質的金粉黛。基本特徵是顏色深沉、酒精偏高，有許多甜型香料與乾燥香草的味道，適合橡木桶陳釀。

南非的皮諾塔吉（Pinotage）：皮諾塔吉是一款被「發明」的葡萄，1924年由南非的佩羅（Abraham Izak Perold）教授培育，使用黑皮諾與仙梭（Cinsault）雜交而得。但皮諾塔吉並非一帆風順，整體的品質在千禧年後才更為大眾接受。早年的皮諾塔吉常常出現不舒服的油漆或去光水味道，近年的釀造技術已可大幅降低此問題。現今市面上買得到的皮諾塔吉平價高價都有，南非的皮諾塔吉也常是國際葡萄酒競賽的優勝。皮諾塔吉的顏色中等，口感比黑皮諾要重得多，可以生產果味濃郁的粉紅酒或未陳釀的新鮮紅酒，也可以生產細膩、深色、濃郁的橡木桶風格。不過最近很多生產者開始少用新桶，在釀造過程中去除某些令人不悅的特徵，強調其先天的獨特風味，並仍有相當的陳年發展實力。附帶一提，南非是我認為在新世界產區中最物美價實的，在中低價位區，南非葡萄酒無論是什麼品種，都非常有競爭力。

右上｜南非的皮諾塔吉葡萄。（圖片來源：Institute for Grapevine Breeding Geilweilerhof - 76833 Siebeldingen, GERMANY, CC BY-SA 4.0）右下｜阿根廷的梅貝克葡萄。（圖片來源：Ian L, CC BY 2.0）

阿根廷的梅貝克（Malbec）：梅貝克原產在法國波爾多，但不是此區的主力葡萄。梅貝克在波爾多的氣候難以完全成熟，所以常只是在酒中象徵性的加一點。梅貝克在比較冷涼的地區生產、或較低酒精度時，常有濃郁的花香味；在日照多或較炎熱的產區可以釀成酒精度高、顏色紫黑深不見光、口感濃郁的風格。梅貝克如同其他波爾多紅葡萄品種一樣，與橡木桶可以有效作用，產出更華麗並可陳年的酒款。阿根廷對梅貝克投入極多資源，將品種潛力發揮到極限，與智利交界的安地斯山脈，葡萄園在不同的海拔高度實驗種植，多位於海拔900~1500公尺，最高可至2300公尺。海拔愈高則白天的紫外線越強，日夜溫差也愈大，這對梅貝克的整體成熟與風味發展是友善的，國際市場也廣泛接受這種完熟的風格。阿根廷的梅貝克有各種價格，高價酒主力產區為門多薩（Mendoza），近年門多薩海拔最高的子產區烏科谷（Uco Valley）引來眾多國際投資，該區酒質普遍穩定，有許多新桶陳年的高價酒款，也是國際葡萄酒競賽的常勝軍。

智利的卡門內（Carménère）：和梅貝克一樣，智利的卡門內也原產波爾多，也是在波爾多的氣候難以完全成熟，所以常只是在酒中象徵性的加一點。這葡萄的故事有點坎坷，智利很久以前就引入卡門內，但有很長一段時間農人以為自己種的是梅洛，你就可以明白這兩種品種有多麼類似。植株長得像，做出的酒款風味也像，不過卡門內需要更多陽光也更晚成熟，在陽光豐沛的智利要分辨它們的確不太容易，陽光珍稀的波爾多要分辨它們就簡單得多。智利的農人是在1994年透過基因定序才知道以前當做梅洛賣出的都是卡門內。因為氣候太適合，卡門內在智利瘋狂生長產量很大，農人也賺到錢，但枝葉瘋長沒有好好修剪，葡萄果串就沒有好好曬到太陽，收成時酒精度到了但風味物質沒成熟，智利酒被人詬病的強烈青椒生青味也就越明顯。這也就是卡門內的印象定錨：香氣多卻沒有整合、酒體夠但餘韻單薄。沒有發揮葡萄的正面特質，誠然可惜。所幸葡萄園管理技術與學術研究與時俱進，卡門內的「完整答案」是老藤、採收時間點、園址選擇三者的結合。卡門內的糖分成熟與酚類物質成熟的時間差前後可達三週，是最難掌握的環節。溫暖卻不能過熱的氣候、日夜溫差與稍微有沃度的土壤要能完美配合，一旦葡萄的條件滿足，其他的也水到渠成。台灣買得到很多智利卡門內，純釀混釀皆有，普遍為低至中價位，但也是有很貴分數評價很高的作品。

↑ 智利的卡門內葡萄。（圖片來源：Lebowskyclone, CC BY-SA 3.0）

明日之星，滄海遺珠

希臘

希臘，愛琴海上神話的國度，歐洲文明的先祖。希臘人對葡萄酒其實非常尊敬，希臘神話中的酒神狄奧尼索斯的葡萄捲髮半裸男性形象，在文藝復興的畫作中比比皆是。自古希臘文明之始，這裡便是優質葡萄酒的生產地區，其地形與氣候孕育大量的釀酒葡萄，這些古老的品種與今日的國際品種完全不同，但品質卻各擅勝場，甚至猶有過之。

↑ 穿著古希臘服飾的女人像。（圖片來源：Robert Frederick Blum, Public domain）

我個人鍾情希臘葡萄酒，幾個品種你也該知道一下：Agiorgitiko的風格可從強烈到柔和，適合釀造易飲的紅葡萄酒和粉紅酒；Xinomavro能夠釀造出酒體濃郁、但高酸清爽的紅葡萄酒；Assyrtiko是希臘原生白葡萄，通常口感較豐滿、酸度也高，我個人很喜愛；Dafni是希臘克里特島的原生白葡萄，混合草地花香與百里香的獨特味道，對上現流的海鮮料理根本天造地設。

義大利

義大利對學葡萄酒的人來說是個噩夢，原生品種太多根本來不及背，最好的方法還是喝到喜歡的就筆記下來，在地圖上找找產區，看看這裡有什麼好吃好玩的，這樣不只記得品種，連經典的餐酒搭配也一起學會。

北義鄰接阿爾卑斯山，除了山產的菇菌松露與野禽，牧場還供應小牛肉與多種多元的乳酪，波河平原則提供了燉飯（Risotto），所以北義的紅白酒對上以這些食材烹調的料理都不會太有問題，紅酒你可以選Barbera、Dolcetto、Valpolicella Classico，白酒可以選Arneis、Pinot Grigio、Trebbiano di Lugana。

↑ 龐貝古城發掘出的古老酒器。（圖片來源：Commonists, CC BY-SA 4.0）

擁有維蘇威火山龐貝古城遺跡的南義拿坡里出產Lacryma Christi紅葡萄酒，中譯為「基督之淚」，這名字很有天高地闊的風情。Lacryma Christi主力葡萄品種Aglianico被認為是南義最優秀的葡萄之一，也是高品質Taurasi紅酒的主力品種；西西里島有全歐最高的埃特納活火山，Nero d'Avola紅酒是西西里島的代表，風格深受火山影響。以食物搭配來看，中南部的義大利有很多番茄紅醬菜式、並且越往南大蒜辣椒吃得越多，所以用義大利南部的紅白酒款配大蒜辣椒義大利麵，或是紅醬基底的料理，完全是十足正宗行家的選擇。

加州

在葡萄酒的歷史發展中，1976年的「巴黎審判」絕對可以列入前十大事件——主辦方為了慶祝美國建國200年，挑選了當時還沒沒無名的加州酒與有名的法國酒，邀請眾多法國葡萄酒業知名人士當評審，在巴黎以盲測方式品評進行比拚，結果加州酒大勝法國，之後加州酒才漸漸全球知名。

加州酒最有名的品種就是卡本內蘇維濃與夏多內，以及差點被美國人宣稱為國家專屬品種的金粉黛。還有一種稱為小希哈（Petite Sirah）的紅葡萄，也被看作十足加州風格代表。這種葡萄在法國原生地幾乎已沒有人種了，反而在加州站穩腳步。小希哈的顏色與單寧都很強勁，是最深最不透光的紅酒之一，花青素含量也非常高。常常用於混釀增強酒體，也可以純釀。我個人頗鍾情納帕谷的Stags' Leap Winery Petite Sirah，有一種老式美國公路電影的懷古感。

右｜美國在禁酒令期間酒精消耗不減反增，這是1933年解除禁令後的荒謬景象。（圖片來源：New York Times, Public domain）

↑ 1588年西班牙無敵艦隊和英國爆發海戰。（圖片來源：National Maritime Museum, Public domain）

西班牙

地中海文明都在港口發展，葡萄酒也一樣，而且就那麼剛好，冬雨夏乾的地中海型氣候驗證在葡萄的濃郁甜美上。我一直覺得地中海的一些白葡萄酒被過度小看，這些葡萄酒一方面產量很大，另一方面是這些酒不太會用很複雜或昂貴的加工方式，所以到處都有，價格親民，不過價格低不代表品質不好，我常常在這樣鄉野的酒款中找到驚喜。

第一個我想到的就是干型蜜思嘉（Dry Muscat）：蜜思嘉常常釀成甜型氣泡酒，靜態酒已經比較少，釀成干型的就更少，但南法與西班牙都開始有這些作品，希臘也有很多以蜜思嘉泡皮製作的橘酒，風味也不再只是可愛甜美，值得關注。

西班牙地中海岸的馬卡貝奧（Macabeo，在里奧哈產區稱為Viura）最近也是製作橘酒的新寵兒，但里奧哈的白酒更是價廉物美少有失望。另外一種白葡萄是崔比亞諾（Trebbiano，與法國的白玉霓〔Ugni Blanc〕為相同品種），在義大利常常釀作日常用酒，它的變種繁多，光是以崔比亞諾為名的義大利DOC產區就有七個、葡萄名稱中出現崔比亞諾的也至少有七個，還有名字裡有崔比亞諾但跟崔比亞諾本人沒半點血緣關係的白葡萄，比如Trebbiano di

Soave、Trebbiano di Lugana和Trebbiano Valtenesi（這三個都是義大利東部馬爾凱〔Marches〕的維蒂奇諾〔Verdicchio〕白葡萄）。推薦的原因是崔比亞諾釀成白酒時確實沒什麼特色，但一經過浸皮過程，表現卻大為不同，義大利北部與中部的頂級橘酒不少都是使用崔比亞諾釀造。

法國

波爾多的紅酒真的是太有名了，名人炫富炫品味喝的都是它，但在20世紀上半，波爾多的白酒產量是大於紅酒的。我一直認為波爾多白酒，特別是南部格拉夫產區的精製白酒，是嚴重低估的酒款。波爾多白酒傳統以白蘇維濃與榭密雍混釀，榭密雍厚身的酒體與獨特羊毛脂香氣，在橡木桶中可以轉化出柔媚的丰姿線條；另一個是最近一線酒廠很愛用的品種是Sauvignon Gris，這個品種在酒中占比不大，但頗有畫龍點睛的作用。下次買波爾多葡萄酒，請給白酒多一些青睞，尤其是用上了Sauvignon Gris的酒款，請你不要錯過它。

↑ 波爾多Graves最著名的酒莊Château Haut Brion，此莊的頂尖干白酒堪稱波爾多最佳，價格亦驚人。（圖片來源：BillBl, CC BY 2.0）

法國隆河區，向來紅酒的能見度比白酒高，所以隆河區白酒完全是行家的撿漏天堂。在歐洲，越近地中海的釀酒葡萄品種也愈多，無怪乎越是南方的產區混釀的葡萄酒也越多。法國隆河區的白葡萄也是很多種：Grenache Blanc、Marsanne、Roussanne、Viognier、Picpoul、Clairette等等，但你不用背這麼多，只要記得隆河區白酒的品質越來越好，不管是純釀或混釀、是大區級還是特級村，隆河區白酒值得你多注意一點，盡量買最新年分享受它豐沛的果味。

奧地利

我們口中的「音樂之都」奧地利維也納，是全球少見被葡萄酒產區包圍的大城市。當地在18世紀就有許多酒莊直營的小酒館（Heuriger），裡頭除了吃飯喝酒還有現場音樂演奏，「沿店走唱」養活了許多初甚渺小的偉大古典音樂家，包括舒伯特與布拉姆斯，而且這風氣一直持續到現代。事實上，維也納熱烈的音樂風氣，Heuriger可說是一大功臣！但同時可想而知，維也納也是當時醉鬼最多的城市，連別的地區人民都嫌棄！

↑ 畫作《在Heurigen小酒館裡》。（圖片來源：Rudolf Alfred Höger, Public domain）

奧地利最重要的白葡萄品種是Grüner Veltliner，釀出的酒清新、平衡，帶有果味和輕微的辛香，當地種植者已經以勃艮地為師，劃出優質葡萄酒的園地界限，作品已然成形；紅酒則有茨威格（Zweigelt）、藍佛朗克（Blaufrankisch）、聖羅蘭（St. Laurent）等。我常覺得奧地利葡萄酒有冷冽與熱情的雙面表達，不知是音樂影響了酒，還是酒影響了音樂。

匈牙利

匈牙利的葡萄酒歷史可追溯至古羅馬時期，白葡萄弗明（Furmint）是匈牙利最重要的葡萄品種，也是法王路易十四盛讚為「酒中之王，王中之酒」的Tokaji Aszú貴腐甜白酒主力品種，Tokaji Aszú的確很美味，一想到口水都要流出來，但近十多年來弗明干白酒成為與Tokaji Aszú分庭抗禮的新勢力。弗明常被拿來和雷絲玲相比較，一樣可以展現出風土的礦物味與燧石煙硝味，果味

↑ 匈牙利Tokaj產區的地下酒窖。（圖片來源：Unknown, Public domain）

也充滿活力兼具複雜性和結構，又有著比雷絲玲更好的橡木桶相容性。我喝過很多優質的干型弗明，哲思盎然，甚至會讓我想到某些勃艮地的一級園或特級園白酒。紅酒最有名的應屬公牛血Egri Bikaver，一款古樸又辛香滿溢的傳統混釀酒款，如今技術的發展，賦予公牛血更現代的樣態，口感更加細膩少有粗獷，也接近現代飲家的喜好。這兩款紅白酒都還不算是世界葡萄酒舞台焦點，但絕對是明日之星。

雪莉酒

很多人沒喝過雪莉酒，但對它卻是琅琅上口，那都是因為裝雪莉酒的橡木桶在威士忌的世界實在太重要：古早的西班牙雪莉酒以大木桶裝運到英國，將酒取出後，木桶就成了陳釀蘇格蘭威士忌的容器。當年的蘇格蘭威士忌用過各式各樣的舊酒桶，現在有些威士忌號稱有過波爾多紅酒桶其實一點也不新奇，英國本來就是波爾多葡萄酒的大買家。

雪莉酒的主力品種是Palomino白葡萄，這種葡萄先天沒有太多味道，均是陳釀過程的手法導致最後顏色與風味的不同。雪莉酒的另一個重要品種是Pedro Ximenez白葡萄，簡稱PX，這種葡萄常常先曬乾再進行釀造，酒汁最終的糖分很高（法定最低含糖量為212g/L，也就是手搖飲全糖的兩倍甜，實際上可以高達400g/L以上），所以裝過PX的桶子味道當然香氣強烈而甜美，後來再裝入的威士忌也會沾染上顏色與風味。如果你要買雪莉桶威士忌，行家會先問清楚是哪一種雪莉酒，Fino桶可能就沒什麼味道、Oloroso桶就會多些堅果香、PX桶就會充滿焦糖與蜜餞味。Palomino釀造的干型雪莉酒是西班牙水手的鄉愁、Pedro Ximenez甜型雪莉酒則根本是糖漿，倒出時就像枇杷膏一樣黏稠，我通常會澆在香草冰淇淋上當Dressing。

葡萄牙

一般人對於葡萄牙的印象，大概只有足球明星C羅與蛋塔，而且葡萄牙這名字與葡萄毫無關係，不過葡萄牙的葡萄酒卻是舊世界酒中物美價廉的首選，紅白酒皆然。

葡萄牙最出名的白酒，來自北部綠酒產區（Vinho Verde），主力葡萄為阿爾巴利諾（Alvarinho），近來葡萄牙阿爾巴利諾向著果香明亮酸度清新的現代風格發展，並且愈見精緻及風土表達，價格實惠，非常推薦大家試試看。紅葡萄則又要回到古老的波特酒產區，也就是葡萄牙杜羅河上游（Douro DOC）。這裡的紅葡萄可以釀出濃厚深沉的年分波特，當然也可以釀出傑出的干型紅酒，此區的Touriga Nacional是葡萄牙最優秀的紅葡萄品種之一，堪可與黑皮諾、卡本內蘇維濃和內比歐露等媲美。風味強勁又不失精緻，絕對是現代葡萄酒品飲家指日可待的新星。

日本

最後來聊聊日本葡萄酒。早在日治時代，「赤玉Akadama」甜紅葡萄酒就在台灣有販售。隨著國際葡萄酒的趨勢，日本葡萄酒的發展也開始轉向。

日本葡萄酒業的問題主要是過多的雨量導致品質參差，其次是農地常常很零碎使得耕作成本高漲。日本最具代表性的釀酒葡萄品種有二：Koshu甲州白葡萄，以及Muscat Bailey A紅葡萄，國際品種則有黑皮諾、夏多內與梅洛等。一般而言口味偏清淡，這種風格與品種特徵及雨量有關，我想也和民族性有關。我在山梨縣品嘗過多家酒莊的甲州白葡萄酒，可能是因為在日本，清幽如禪的酒質感受一以貫之，我猜許多日本釀酒師利用此種「風土」因素發展各自的淡麗風格（很像日本清酒的走向）。日本葡萄酒的價格在葡萄酒市場普遍偏高，若是符合你的喜好，就值這個價。

↑ 甲州葡萄。（圖片來源：江戸村のとくぞう, CC BY-SA 4.0）

EVERYTHING ABOUT
WINE
PART 5
WINE & FOOD PAIRING
10,5%
alc
750
ml

餐酒搭配

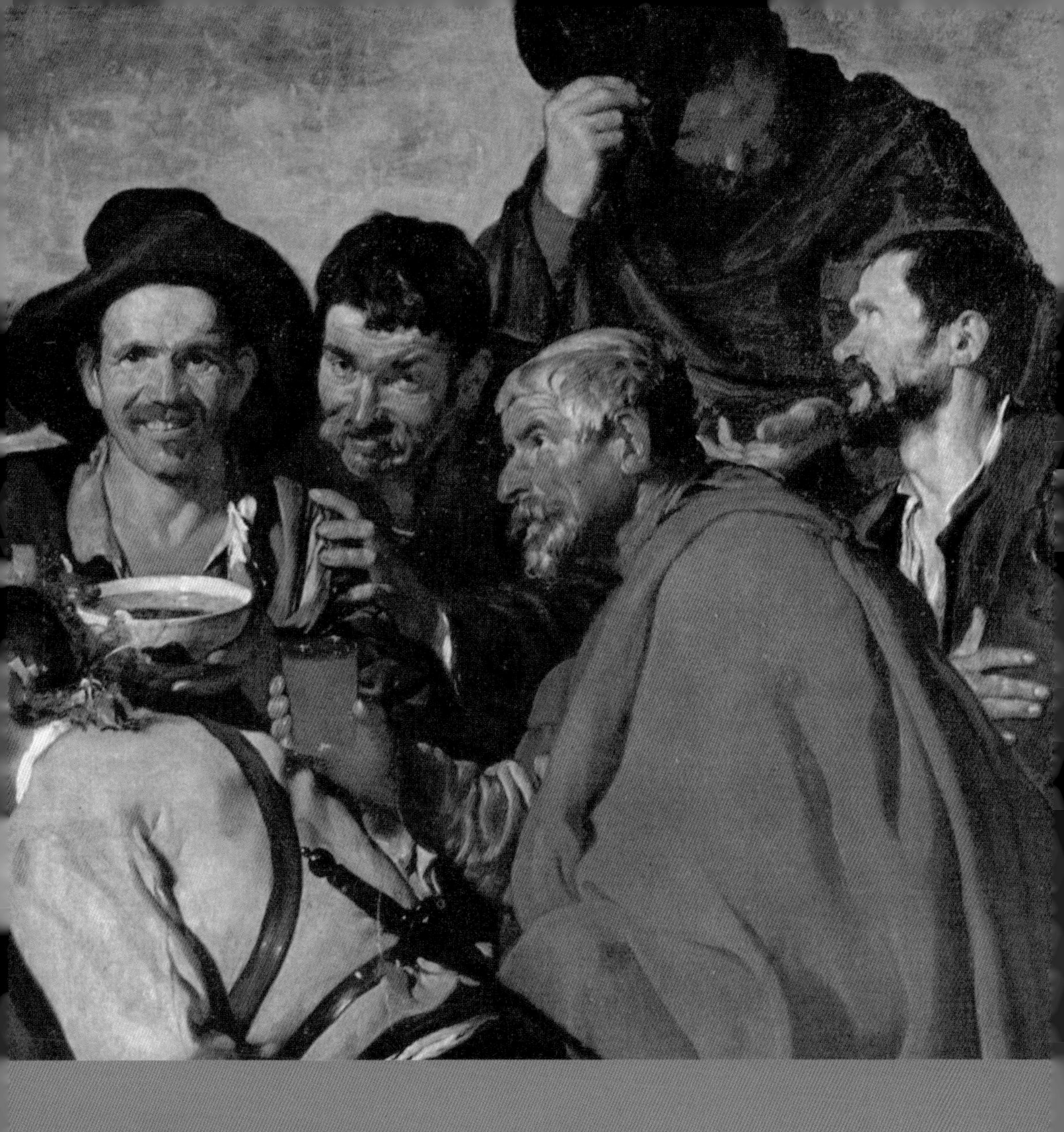

葡萄酒被認為是最適合佐餐的飲料，任何食物都能找到一杯與其靈魂相繫的天作之合。即使沒有侍酒師的專業搭配，還是可以透過了解餐酒的搭配邏輯來實現。掌握一些基本原則，你也可以完成屬於自己的神妙搭配。找對葡萄酒，為你生活中的每個場合，疊加美好的日常回憶。

5-1

先求味道不要衝突，再來期待完美搭配

品酒是愉快的體驗，很多人一聽到喝葡萄酒就覺得好像很假掰很麻煩，但是與其他的嗜好一樣，我們都是為了享受而投入的。葡萄酒與食物的配合也是如此，如果酒與菜本身都沒問題，那麼再糟的搭配也不會傷害身體，其實大家完全可以放寬心盡量嘗試。

之所以說「先求味道不要衝突，再來期待完美搭配」，是因為以人類的味覺而言，我們先天就會很自然的追求某些味道，也抗拒某些味道。而當你又吃又喝，不同的味道就會形成不同的結合，這個新味道可能讓你開心，也可能讓你不開心。對於餐酒搭配，我們至少要避免讓你覺得不好的味道，這裡有一些基本的邏輯協助你。

1. **食物越甜越不適合搭配干型酒**：食物的甜味會壓制你對甜味的感知，這裡的甜味包括味覺上的甜與嗅覺上的「果香」，簡單來說叫做「味覺疲勞」。一旦吃了甜的東西再喝不甜的酒，酒中的甜味與果香就會

被「壓制」，那就剩下酸與澀了。這時候選一瓶有甜味的酒會更適合。台菜或日系菜色常用糖調味，像是滷肉（冰糖）或是壽喜燒（味醂），這時選瓶微甜的酒就很適合。吃甜點時更是如此，酒的甜味至少要與甜點一樣甜，甚至更甜！

2. **酒會讓辣的食物更辣**：煮菜下調味常會用點水去融合帶出味道來，而酒精本身也是溶劑，一樣的香料，使用酒為溶劑時，溶出的風味物質更多，這就是酒會讓辣的食物更辣的原因，辣味被酒精「拉出來」。若你不怕辣，你可以利用這點，比如吃麻辣鍋喝58陳高，效果絕對突破天際。
3. **酒質越簡單越容易搭配各種食物**：酒餐搭配和拍戲一樣，一個主角時更簡單也容易發揮，但一部戲有兩個大牌時導演就要考慮很多了。酒越貴通常風味越多，變化也越大，對上食物就容易有衝突，反而是簡單的、價格中等的紅白酒，它們的設計都是為了搭餐，少一點個性就多一份襯托。又比如你常聽說干型氣泡酒是百搭，原理也是一樣。但要注意的是「簡單」不等於「品質」差。

4. **桶味與單寧會與海鮮味衝突**：喝紅酒配海鮮常常會出現「血腥味」、「鐵鏽味」，讓人頭皮發麻，這是因為單寧與桶味兩者都會與海鮮腥味有不良反應，所以即使是進桶的白葡萄酒，也不適宜搭配生魚片。
5. **單寧強的紅酒最好不要配合太鹹的食物**：這麼說吧，又鹹又澀一定很不好吃吧。
6. **鮮味為主的食物是侍酒師的噩夢**：鮮味為主的食物，比如日式濃湯拉麵或沾麵的湯頭、長期熟成的醃漬食品、乳酪或生火腿都是。鮮味會讓酒的結構「打散」，酒喝起來沒有香味，反而會苦。所幸這些食物通常也多鹹味，可以抵銷衝擊。搭配葡萄酒時建議是簡單未入桶的白酒，可以降低衝突的可能性。高竿一點的搭配是使用酒花培養的酒款，比如西班牙Fino雪莉酒或是法國侏羅（Jura）產區的黃酒（Vin Jaune）。

近30年來葡萄酒的品質越來越好，種類也越來越多，隨便一家超市你都可以有數十上百種的選擇，便宜的酒其品質也多半對得起價格。多一點知識，掌握上面幾個簡單原則，你馬上就可以享受比單喝一杯酒更上一層的樂趣。

5-2

紅酒配紅肉，白酒配白肉，真的嗎？

人類喝葡萄酒的歷史悠久，總會發展出一些「通則」，餐酒搭配中常聽到的「紅酒配紅肉，白酒配白肉」也是其一，簡單兩句話就好像說完了一切，那麼事實是什麼？

就結論而言，這兩句話可以說是對的，這可以從幾個地方分析解釋：首先紅肉像是牛羊肉，通常味道更濃重，紅葡萄酒也通常比白葡萄酒口感更重，兩者有相似的「重量感」。紅葡萄酒的「單寧」會與紅肉中的蛋白質產生作用，從而讓口感變好；白肉像是雞肉與海鮮，通常味道口感比紅肉輕，對應白葡萄酒一般而言更適合；海鮮中的腥味先天就與「單寧」不合，白葡萄酒沒有什麼單寧，自然也避免了衝突。

我們可以延伸上面「口感輕重」的討論。有時候一道菜的醬汁會比食材更強烈更主導，這時的搭配就要考慮主導的醬汁而不一定是食材本身，比如鹽酥雞味道就很重，搭配紅酒的效果常比白酒更好，如果是清燉少調味的牛羊肉，

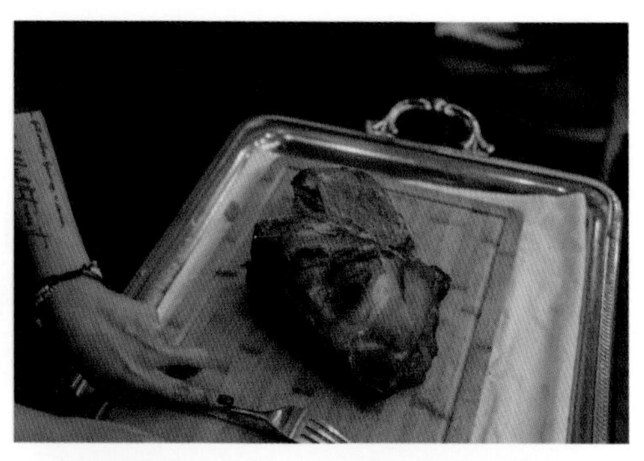

餐酒搭配也可以用顏色考慮，烹煮後的顏色越深通常就可以考慮紅葡萄酒。

其實濃郁一點的白酒也無不可。飲用葡萄酒的概念也是如此：比如清淡不過桶的佳美就很有機會去搭配海鮮料理，你可以試著搭配口感豐滿的鮪魚生魚片。比如勃艮地數十年前的套餐餐酒搭是紅酒先上配前菜，再使用過桶的白酒配主菜，理由也是如此。

引申上面的實例，我們了解餐酒搭的重大目標就是達成「平衡」，紅白酒的「重量感」不同，因此可對應的食物口感也不同：跳離紅酒白酒的分別，「紅酒配紅肉，白酒配白肉」可以改寫成「輕盈的葡萄酒搭配輕盈口感的食物，豐滿口感的葡萄酒搭配口感濃郁的食物」。

我們還可以觀察「重量感」以外的酒食特徵：有些食物的製作細緻，口感也細膩，就可以挑選口感細膩的葡萄酒，你用一瓶高酒精重口味用新桶的葡萄酒雖然不一定會衝突，但食物的細膩味道勢必被遮掩，也就喪失餐酒搭配的意義了。

你吃的食物風味都是五種味道的混合：酸甜苦鹹鮮（辣不算味覺而是痛覺），而葡萄酒些類似的特質，比如甜度高低、酸度高低、單寧（澀感）強弱、酒精度高低等等，所以我們可以得到一個表格：

食 物 的 味 道 如 果 是	葡 萄 酒 要 選
鹹味為主	大概所有葡萄酒都可以搭。 但如果鹹味強就可以考慮帶甜味的酒達成更高層次的平衡。
酸味為主	葡萄酒的酸度不低於食物。 不建議用甜酒。
甜味為主 （甜味對葡萄酒不友善）	甜味會抵消酒的甜味，包括直接的甜味味覺與果甜嗅覺。 與食物一樣甜，或是比食物更甜的葡萄酒。 不甜的酒都不太行，至少要有明顯的果味才有機會。
鮮味為主 （鮮味對葡萄酒不友善）	不甜的簡單白酒、或是以酒花培養的葡萄酒。 鮮味很難良好搭配一般的葡萄酒，這裡的重點是盡量降低兩者衝突。
苦味為主	如果是巧克力，甜型酒或至少是果香明顯的葡萄酒比較有機會。 如果是燒烤帶出的焦味，可配上有單寧感的葡萄酒。 但不要用本身就帶苦味的葡萄酒（比如 Gewürztraminer）。
味道濃郁	較濃郁的葡萄酒、酒精度較高的葡萄酒。 如果濃郁的味道來源是紅肉，就可以搭配單寧多一點、或是橡木味更強烈的葡萄酒。
油脂較多	酸度較高的葡萄酒，可以解膩，並且帶出食物其他的味道。 酸度高的酒不一定是干型酒，其實優質的甜酒其酸度都很高，所以這裡可以用酸度高的干型酒，也可以使用甜型酒。
辣味為主	酒精度較低的葡萄酒、或是甜酒、或是氣泡酒。 甜味可以緩和辣味。 氣泡在舌上可以產生「隔絕」辣感的作用。

你要記得，幾乎所有經過調理的食物都不會只有單一風味，而是兩個風味以上的混合。前一章我們談到先求味道不要衝突，所以你的思考順序是要先避免衝突，再使用上面表格完成餐酒搭配。比如鹹蛋黃豆沙月餅，主力風味是甜味，再來是油脂較多，鹹味對任何葡萄酒都友善就先不考慮此因素，因此可以先排除容易產生衝突的干型酒，再來考慮與月餅甜味相平衡的甜型酒，再考慮平衡油脂的口感，結論就是選一款高酸度的優質甜型酒。順便一提，顏色也可以是個考量，比如鹹蛋黃豆沙月餅、或顏色較深的巧克力或焦糖甜點，我會選甜紅酒，但若是水果甜點、蛋白霜或是卡士達這類的，我會選甜白酒。顏色通常暗示味道的輕重，所以深色食物對應深色酒款，淺色食物對應淺色酒款。「紅酒配紅肉，白酒配白肉」不也是如此嗎？

↑ 燉煮的黃魚除了可以考慮稍濃郁的進桶白酒，也可以考慮清淡的紅酒。如薄酒萊或是瓦波利切拉（Valpolicella）。

5-3

絕對不敗的「地酒配地菜」原則

歐洲旅遊時在街邊小館吃飯，葡萄酒都可以喝到飽，這些酒很多都是在地的，沒有知名度甚至沒有牌子，就直接裝一壺給你自斟自飲，配上簡單的餐點，一壺可能都不夠你喝。而在台灣吃熱炒，每桌台啤都是一手一手的叫，明明酒促小姐推銷的都是海尼根與KIRIN，但台啤對上熱炒的經典「結婚」，連酒促小姐也擋不住。

人類的聚落都有酒有食物，都是地裡長出的作物再轉換成各種形式，既然來自同一塊土地，有一樣的氣候，彼此先天就有相同的特質，互相搭配起來也就更順理成章。餐廳侍酒師都了解這個簡單原則，多會巧妙地運用在你的晚餐裡。「地酒配地菜」講起來非常直觀，但也非常準確。

稍微延伸一下，在專業裡這稱為「同產區搭配原則」，並且搭配不限於葡萄酒，啤酒、各式烈酒，甚至還可以是無酒精飲料。許多美食都有其與一款特定葡萄酒的「經典搭配」，這種搭配經過千百年來的驗證，所以才是經典。

如果你懂得以「在地思考」完成餐酒搭配，那你餐酒搭配的能力已經可以

去餐廳當侍酒師了。不過也因為葡萄酒的知識體系龐大，再加上也要懂得在地食材的烹調手法與醬汁使用，鑽研下去無窮無盡。你可以從你喜愛的品種開始，找到該品種的主力產區，再找到該區的著名菜餚；或者更直接一點：吃美國牛排就喝美國的卡本內、吃瑪格麗特披薩就來杯義大利奇揚地、吃伊比利火腿就來杯西班牙雪莉酒。就算是這麼「粗糙」的搭配想法，也會比吃什麼菜都搭法國酒要好得多。

台灣不是正式的葡萄酒產區，是否台菜就只能配台啤呢？當然不是，去路上找間牛肉麵進去看看它們的牛肉進口國，搭配就可以由牛肉產國開始思考。或者拆解一道台菜，想想它的食材來源、烹飪手法與醬汁使用，找找西式菜色中有沒有相似的，再回推產區與選酒。這裡的答案沒有一定，一道家常菜你可能推演出好幾個可能搭配的葡萄酒，搭起來還各有風味，其實更加有趣。

從「地酒配地菜」原則看台菜搭配葡萄酒：

● 豬肉或豬雜：歐洲吃豬肉的國家與產區很多，建議你先從西班牙下手，西班牙人吃豬肉有悠長的歷史與「政治」上的理由，豬肉製品也眾多。另外德國酒也可以考慮，畢竟人家豬腳與香腸都很有名。

● 魚鮮料理：如果是海魚海鮮，可以先從地中海周邊的產區考慮，比如南法或義大利的白葡萄酒或粉紅酒。如果是河魚河鮮，不妨考慮法國羅亞爾河產區、或是萊茵河沿岸的法國亞爾薩斯白酒、德國摩塞爾白酒。

● 台南牛肉鍋：一般而言湯類料理不會再去搭配飲料，但從湯中取料沾醬再食用時可以搭配葡萄酒（馬賽魚湯〔Bouillabaisse〕即為一例），所以這裡其實要更注意醬料。你可以考慮全球牛肉的主力產區找酒，比如美國、澳洲、阿根廷等，也可以考慮牛肉名菜的產地找酒，比如勃艮地有紅酒燉牛肉，北義有Vitello Tonnato小牛肉佐鮪魚醬。

● 紅燒羊肉爐：燉羊肉在南歐與北非一帶是傳統食物，比如希臘與摩洛哥都有出名的燉羊肉，這與羊本身易於畜養不挑土地有很大關聯。燉羊肉通常加入多種根莖蔬菜與香料，不講配料的話，做法與紅燒羊肉爐差不多。配酒也容易，南歐一帶的簡單葡萄酒都可以，酒精度可挑高一點的搭配帶皮羊肉的豐腴口感。

● 麻辣鍋：很多歐洲人是不吃辣的，比如法國人就是，所以辣味料理就不要找這些不吃辣的產國產區。南歐一帶，比如義大利中南部會較多辣味菜式像是蒜辣義大利麵，可以考慮這裡的葡萄酒。匈牙利人很愛在料理中使用Parprika紅椒粉或是直接下辣味，所以選擇匈牙利葡萄酒也不錯，比如搭配匈牙利Tokaji貴腐甜白酒，除了是同產區，甜味又本就可以緩和辣味，是很漂亮的搭配。另外地中海周邊最繁茂的釀酒葡萄是格納希，這個品種有紅有白等變種，純釀與混釀也都有，我的經驗是不管哪種麻辣鍋，找瓶中等價格的格納希幾乎不會出錯。

從料理手法選對酒

從菜式本身的特質來逆推搭配的酒款，可能對很多人而言更易於了解。了解食物的料理手法／調味方式，從而找到相通之處，搭配就變簡單了。

乾煎肉品

大火乾煎肉類時，會帶出梅納反應（Maillard reaction）的香氣，其中代表當然是牛排，牛排配紅酒是大家都知道的。你可以考慮「原產地搭配原則」，美國牛就選美國酒，澳洲牛就選澳洲酒。牛排還可以看部位選酒，越肥的部位或是油花越多，酒就可以挑酸一點的，比如出名的佛羅倫斯丁骨牛排（Bistecca alla Fiorentina），傳統上就會配合高酸的經典奇揚地（也是「原產地搭配原則」）；如果是軟嫩的腓力則不宜配太重的紅酒，北義簡單的巴貝拉（Barbera）或是內比歐露都不錯，簡單的勃艮地廣泛域名的年輕紅酒也可以。

↑ 菜式有多種材料或多種調味時，先要找到主導的味道再搭配葡萄酒。

如果是羔羊排，傳統上搭配波爾多左岸，因為這裡有法國最出名的波亞克鹽沼羊（Agneau de Pauillac），但也可以選擇西班牙里奧哈紅酒，或是南法稍重口的紅酒。做得好的牛羊排是所有紅葡萄酒的好搭配。

如果是醃漬過再乾煎，像是豬排，配酒就會同時考慮醃料，醃醬油的可試試美國的梅洛或是阿根廷的馬爾貝克。油封鴨的話那一定是勃艮地紅酒優先，薄酒萊的佳美也不錯。

乾煎海鮮

煎過的海鮮一樣香味四溢，配上一杯冰涼的白酒最好。有時煎過的魚有股「腥香」，特別是有風乾過的如一夜干，這時你的選酒最好避開有甜味或有桶味的。

清燉與水煮

白煮的方式通常是搭重一點的白酒或是清淡的紅酒，白煮常會加入一些辛香料提味增鮮，所以有香料氣息的亞爾薩斯不甜的格烏茲塔明納（Gewürztraminer）很適合，德國微甜或不甜的雷絲玲也很好。

↑ 食物的口感也可以是搭配的一部分，比如口感較濃郁或是多澱粉時，就可以考慮比較濃郁的酒。

大火快炒

鍋氣逼出令人顫動的食欲，來杯帶泡的白酒，不甜或有點甜都可以。中式的快炒常是混合多種食材，所以要找年輕簡單的紅白酒來配，多點果香或甜香，佐餐的樂趣也再上一層。

油炸

以口感來說，酸度高的白酒可以清口去油膩，彰顯食材的本質，是少有錯失的選擇；如果是重口味醃炸排骨，蒜香九層塔鹽酥雞這種，那隆河廣域級紅酒，或是加州中價位紅白酒都可以試試，中庸一點的選擇冰透的微甜粉紅酒也很不壞。如果是細緻的炸物如炸天婦羅，可以試試羅亞爾河區的中價白酒，或是義大利的Prosecco氣泡酒，當然有香檳更好。

清蒸

清蒸最能表現食材的優雅本質，口味也最清淡而細緻，不適合粗獷性格的酒，不妨試試德國的Riesling Kabinett。如果是清蒸大閘蟹，請試試有年分的香檳或有年分的氣泡酒。如果是調味較重的廣式籠蒸豉汁排骨，或是台式的五香粉蒸排骨，可以試試地中海周邊的粉紅酒或是簡單的紅酒。

燒烤

燒烤是原始的烹調方式，通常配一些粗獷或是富有濃厚果味的紅酒，像是美國的小希哈（Petite Sirah）、澳洲的希哈。如果是北京烤鴨，可以配合紐西蘭的黑皮諾看看；如果是廣式脆皮燒肉，那麼簡單的波爾多、勃艮地及隆河區的紅酒都有機會，甚至陳年白酒或厚重的白酒都可以。

滷

滷味的型態很多：煙燻的滷味配帶果香的桶陳紅酒、加熱滷味可以配看看薄酒萊新酒或是簡單的隆河紅酒、一大鍋的家常滷肉豆干滷蛋可搭食法國的隆克多・胡西雍（Languedoc Roussillon）產區紅酒。搭配要點是找到一樣的味道。

紅燒

加了醬油又加香料的紅燒肉或是東坡肉，找紅酒配合並不難，建議你可以試試美國的金粉黛紅酒，除了厚實的美國酒特性還有「仙草蜜」的味道。而這種食物也常常帶點甜味，你可以找瓶優質的甜白酒試試。

涼拌

生冷的涼拌菜，紅酒不是好選擇，波爾多白酒、西班牙白酒、義大利白酒、羅亞爾河區的白酒或粉紅酒較為適當。

如果是黑白切這種內臟涼菜，可配一些清淡的紅酒。大力推薦粉肝沾醬油膏搭配便宜的澳洲希哈紅酒。

↑ 前菜涼拌菜通常會搭配比較清淡高酸的白酒或氣泡酒，這些才能與後面的菜式葡萄酒顯得有節奏與層次。

5-5

自力完成美好的餐酒搭配：家常菜

這年頭在家做菜已經不是理所當然，反而外食和叫外送才是日常。打開你的外送app看看排行榜，世界美食眼花撩亂各有擁躉，台灣人吃飯除了本地風味還很能接受外來食物，餐桌上八國聯軍的情況才是真的家常。

我們也很容易買到葡萄酒，隨便一家量販店有整面的葡萄酒貨架，超市裡的葡萄酒也是永不下架。貨架可是消費市場的觀察重點，台灣這幾年有喝葡萄酒習慣的人只多不少，同時成長空間很大。目前台灣人葡萄酒年飲用量還不到一公升，鄰國日本已近三公升。

所以說「在家隨便吃吃」，還要配上葡萄酒，這組合很合理卻又很嚇人的繁雜，該從何下手呢？這麼說吧：如果是吃家裡你會買什麼啤酒回來配？你的決策是不是簡單得多了？找葡萄酒配菜也是一樣，你就先找你喜歡的葡萄酒，完全可以不管到底吃什麼！如果桌上菜多，總有搭得上的不是嗎？如果都搭不上，就吃完再喝吧。

↑ 時間不長的餐宴，可以考慮使用醒酒器材，讓酒可以及早展現香氣。（圖片提供：京采國際）

葡萄酒近年來的品質持續上升，「難喝」的葡萄酒已經很少見了，千元以下的通路酒款，基本上沒有雷。如果是美洲紐澳的酒款，一般都很穩定多果香，歐洲法義西三大產國中，我認為義大利酒與西班牙酒對我們的日常食物更友善，他們的飲食內容也與台灣比較相近（西班牙人愛吃豬肉與蔬菜，義大利菜有更多的大蒜與辣椒），搭配起來也更合拍。

既然桌上很多菜，要找單一款葡萄酒去完成所有搭配本來就太難也不必要，也不太可能每道菜各自配酒搞起來超麻煩又喝不完。以下給你一些建議，讓你餐桌上的葡萄酒不再是「客人」而是「家人」。

● **看酒精度找配合**：整體菜式重油重口味時，建議葡萄酒酒精度不要太低，讓口感重量與酒感達到平衡。你可以找13.5%或以上的酒款，紅白皆是。酒精度先決定，再觀察菜式的材料與主力風味，縮小選擇範圍。

● **多買兩瓶**：沒要你一菜配一瓶，但你可以在合理範圍內多買兩三瓶，一款酒沒辦法跟所有菜都合，但多一瓶酒就多一個可能。

● **別用太貴的酒**：酒越貴，脾氣越大越需要伺候，當然也更難配菜，家常吃食喝酒聊天實在不必用到這種嬌客。全球葡萄酒有九成以上都是為了日常餐食搭配的，價格也平實，台幣500至800之間就有很多可以選，這個價格段是一般通路的銷售主力，通常品質更穩定。

● **年輕的酒**：一般通路的葡萄酒區都沒辦法做到標準的葡萄酒儲藏要求，放得久了變質機率就更高，所以年輕的酒會比較安全。我個人在一般通路只會買從這瓶酒出廠後回推六年內的酒款，越新越好。

● **酒要先冰**：酒買回去就放酒窖，沒有酒窖就冰箱冷藏。台灣的室溫高，再好的酒沒有適合的溫度都不會好喝，寧願酒太冰在杯子裡等它回溫（順便醒酒一舉兩得）。酒瓶至少要觸手冰涼甚至會結水珠才算是正常溫度。

● **打安全牌**：菜色多時，先考慮簡單的葡萄酒，年輕（果味更多）的葡萄酒。如果只能選一瓶，我推薦各國各種的干型粉紅酒，搭配起來葷素不忌，海鮮河鮮也沒問題。

● **酒杯**：一人一個杯就好了，真的別一酒一杯（如果桌子夠大還有人洗杯那就隨你）。我會用容量稍大（500ml或更大）的無梗水晶酒杯，中式餐桌是一道菜大家分，高腳杯用在這裡很「擋路」又容易撞倒（想像一下你面前有一排高腳杯，你要越過杯子去夾菜的窘狀）。

都說是家常了，你就應該輕輕鬆鬆，結合先前的章節，先避免會衝突的NG搭配，接下來就放寬心吧。餐酒搭就是可以這麼簡易寫意，何不親身試試？

5-6

自力完成美好的餐酒搭配：去餐廳

上館子是建立關係的舖陳。正式的餐宴裡都有著「潛規則」，你不會隨便找個位子坐，你也不會隨便穿睡衣拖鞋來吃飯，所以在餐廳點酒或是自己帶酒請餐廳服務，也是有眉角的。

去一間有正式酒水服務的餐廳要如何完成餐酒搭配呢？當然是「交給專業」！餐廳的外場服務人員或是侍酒師除了要能介紹菜色，也要能根據菜色與客人其他需求，提出建議的酒款。廚師與侍酒師基於各自的專業完成的餐酒搭配應該要是完美的。而且餐廳也希望客人提出這樣的要求，算是另一種「潛規則」吧。

如果是兩至四人用餐，這個流程大概是這樣，侍者給了你菜單，你選好菜色，接下來侍者詢問是否要點酒，這時會有兩種情況，一個是侍者直接提出搭配的酒款，同時說明規格，包括建議的酒款有幾款？可以點單杯還是只能點整瓶？價格各是多少？另一個情況是你自己從酒單選酒，這時你可以自己決定，也可以詢問侍者的意見。我會先聽聽侍者的建議，也會看看酒單，與同桌的人

↑侍酒師是客人的好朋友。（圖片來源：Arnaud 25, CC BY-SA 3.0）

及侍者討論一下，得出最後結論。多半會是在前菜選擇餐廳推薦的單杯酒，主菜則會點一整瓶。

人數多的正式餐宴當然也可以點用餐廳的酒，正式餐宴在邀請函中就會提供完整菜單，並請賓客先選擇主餐，這樣餐廳備菜或是主辦人都更能掌控。葡萄酒自然也可以先行點單，這有一個好處，餐廳會根據上菜時間先開瓶並確認酒質情況，如果有必要也可以進行換瓶處理，使得葡萄酒風味可以在恰好的時間點展開。葡萄酒是餐廳在管理的，理論上餐廳應該對酒單上的每款酒有一定的了解，也能夠在用餐前對葡萄酒進行妥善的處理，餐廳供應的高價酒更是如此。歐美的高級餐廳通常酒窖的窖藏也很驚人，酒窖窖藏價值是餐廳年營業額三五倍的比比皆是，來這種地方真的不必自己帶酒（反正餐廳也不會讓你帶酒來開）。

你當然也可以帶你喜歡的酒去餐廳，只要餐廳接受自帶酒就可以，就算你是臨時起意帶酒去也沒問題。不過臨時起意拎酒去吃飯你多少要負點責任，至少我會確認菜式走向與我帶的酒是否可配合，我也會先把酒冰好，特別是像香檳這樣的酒。

如果這是重要的餐宴場合，是預約用餐並且會自帶精心挑選過的酒，我會提前兩三天先把酒送去餐廳，交由餐廳決定處理方式：要提前多少時間開瓶？是否換瓶？要用哪種杯子？甚至可以詢問哪些菜式可以更好搭配。餐廳拿到這些嬌客，紅葡萄酒先會放在酒窖並讓酒瓶直立，這樣酒渣就會向下沉澱一部分，如果前置時間足夠，依我的經驗，昂貴的靜態酒會在餐期前至少兩小時甚至提前兩三天就先開瓶，這時會檢查酒質狀態（就是倒出來喝一點），如果酒有問題還有時間更換，並且決定進一步處理方式：要換入醒酒瓶還是先換醒酒瓶再倒回原酒瓶？還是只是去除瓶塞讓酒自然瓶醒？還是直接塞回酒塞等待服務？要再調整溫度嗎？菜式需要再調整嗎？這些事情看似輕描淡寫，實則非常吃經驗值，葡萄酒的變數太多，同廠牌同年分同款式的酒，這一瓶與那一瓶喝起來就很可能有所不同，葡萄酒還會因陳年發展，一樣的酒去年開與今年開也可以大不相同，所以這些事情沒有寶典教科書、也很難口語傳承（為什麼侍酒師會覺得這瓶酒塞回去等就好，那瓶酒卻要倒到寬口醒酒瓶回酒窖冰存，侍酒師常常說不出什麼具體的答案，但他們就是知道）。我是很「愛看」這樣的處理過程的，看別人如何處理一瓶酒，問問他的想法，交流同款酒彼此的不同感受，那是十分有趣愜意的事。

我想要提醒的是「開瓶費」這個常常拿出來「討論」的事：餐廳是提供食物的地方，所以禁帶外食，你也不會犯這種錯，同理，餐廳若有供應酒類，也可以不讓客人帶酒來開的，這在歐美非常多的餐廳是天條不可觸犯。

如果餐廳讓客人帶酒來，並收開瓶費，理論上是可以要求餐廳一定程度的服務的：適合的酒杯、開瓶與服務、針對葡萄酒提供食物搭配建議等等。一個餐廳若可以針對葡萄酒甚至於各種酒類都能見招拆招優雅處理，那可是多年的經驗累積，或更可能是餐廳投入資源在酒類專業（講白了就是花更多錢建酒單請人留人）。像這種餐廳一定有供應酒水，同時酒單也應有相當規模，所以開瓶費一般也不便宜。若是我去這樣的餐廳，我是不會去喬開瓶費的，這樣的動作我會覺得很不好意思。更多時候我會直接點酒單的酒。

如果有機會參觀酒莊且酒莊有附設餐廳的，請一定坐下來試試他們的餐酒搭配。你不會失望的。

↑ 托斯卡尼奇揚地的葡萄園。（圖片提供：富邑葡萄酒集團）

【結語】
走上葡萄酒的朝聖之路

不論葡萄酒對你而言滋味如何，在人類歷史的洪流中，葡萄酒確實扮演極重要的角色。我也深深相信釀酒葡萄是上帝的精心創造，小小的一顆漿果，不起眼卻滿足了釀造美酒的所有條件，且能夠震撼靈魂深處。

我的第一杯葡萄酒經驗，很「不幸」地沒有什麼戲劇性的感動，然後直接就醉倒了，僅模糊地知道自己感受了一些新事物，所以進入葡萄酒的世界完全在我意料之外，但這個拐彎讓我看見更遼闊的人生壯遊。每杯葡萄酒都是歷史的切片，理性可以敘述葡萄酒的特質，但感性火花在腦中爆開的瞬間，卻決不是因為知識與書本的疊加。

如果你喜愛美食，你已經具備欣賞葡萄酒的一切條件：任何飲食都是色香味的冒險，一杯酒可以用風味告訴你千年前人們如何生活，也可以用風味告訴你某一年的天地人譜出怎樣的快樂悲傷，酒杯中的色香味像是魔法水晶球的靈魂密語，表面上平舖直述易讀易懂，實際上完整的感受更像是海面下的冰山，難以一語道盡，常常只能意會而不足外人道。

這些讓你聽起來十分迷惑嗎？讓我們先從你的第一口葡萄酒開始就好：葡萄酒是一種農產品，來自某個特定的土地與特定的植物，使用某些傳承已久約定俗成的方法製成，有著一些基本的色香味特徵。這本書所有的舖陳都在幫助你完成親近葡萄酒的「基本動作」，但我更由衷地願你擁有樂於享受的好奇心。

品飲葡萄酒可以是一門技藝，但絕不僅是技藝。就算是科技發達的今天，我們對於葡萄酒風味的了解仍然如同以管窺天。所幸人類內建的感官能力可以穿越一切物理限制，無怪乎作家畫家對酒的溢美之詞從未斷絕，他們將感動化成各種心有所感的詩詞畫曲。

我深信酒如其人，如其生長的一方水土、如其家庭與教育、如其歷史的遞嬗。與現實的朝聖之路相似，這條路你常常只能安靜的獨行，消化與累積一路上的啟迪，追索靈光乍現的狂喜。這條路沒有終點，但你越是向前，風景也越是深刻入心。

斯人日已遠，歷史總是給人強烈的距離感，但葡萄酒已濃縮了時空，化做口中直接的愉悅。當我喝葡萄酒，我總想要知道它的產區與品種，想了解產區有什麼背景與故事，想探索品種該有什麼風味。典型在夙昔，這樣的好奇心推著我一路向前，好似高空跳傘一般無畏且樂趣盎然。希望讀這本書的你也是一樣，杯酒見淳真，杯酒亦見人生。

【附錄1】葡萄酒小事典Glossary

Abv	酒精度	表示葡萄酒中酒精的比例，通常以體積百分比表示。
Acetaldehyde	乙醛	酒中主要的醛類，存在於雪莉酒中較多，少量有助於增強香氣，過多則刺鼻不悅。
Acetic Acid	醋酸	酒中最重要的揮發性酸，少量有助於提升風味，過多則會帶來醋味。
Acetobacter	醋酸菌	會引起酒變酸的細菌。
Age/Ageing	陳年	酒進行陳釀。可以指在容器中停留，也可以指瓶中酒汁繼續發展風味。
Aldehydes	醛類	酒中的有機化合物，對香氣有影響。
Amphora/Amphorae	陶罐	古代用於儲存和運輸葡萄酒的陶製容器。現在葡萄酒復古風潮的陳釀容器。
Anthocyanins	花青素	賦予紅葡萄酒顏色的色素。
Aperitif	開胃酒	在餐前飲用的酒。
Autolysis	自溶	酵母在酒中分解，釋放風味和改變質地的過程。
Bentonite	膨潤土	一種用於澄清（Fining）的黏土，清除酒中的蛋白質使其更穩定。
Biodynamic	生物動力法	1924年奧地利學者史坦納（Rudolf Steiner）提出，為恢復土地的既有活力，依靠自然和宇宙節律進行種植與釀造的方法。
Blanc de Blancs	白中白	用白葡萄釀製的白葡萄酒，常用於氣泡酒製作與標示。白葡萄通常均指夏多內。
Blanc de Noirs	黑中白	用紅葡萄釀製的白葡萄酒，常用於氣泡酒製作與標示。
Blind Tasting	盲品／盲評	評審在不知酒的具體資訊情況下進行品評。
Bordeaux Blend	波爾多式混釀	波爾多紅葡萄酒習以卡內本蘇維濃與梅洛混釀，各地以相似手法混合釀製的酒款皆可以此說明。
Botrytis Cinerea	貴腐菌	即灰黴菌，但白葡萄成熟後感染灰黴菌會轉化香氣濃縮果汁，釀成世界上最優秀的甜酒。
Brix	甜度（波美度）	衡量葡萄汁中糖含量的標度。一般釀酒葡萄採收時的甜度為19-26 Brix之間。
Cap	果帽	在發酵過程中，被二氧化碳推升到液面的果皮和果渣。
Carbonic Maceration	二氧化碳浸漬法	一種葡萄發酵成酒的方法，整串葡萄不破皮不除梗直接置於在密閉容器中發酵，常會同時加入二氧化碳後封槽。非使用酵母的發酵方法。

Chaptalization	加糖法	在發酵前或發酵過程中添加糖以提高酒精度的方法。此法會受限於各產區法規。
Charmat Method	查馬特法（大槽法）	一種在大型控溫且可密閉的槽中進行二次發酵的氣泡酒釀造方法。
Climat	克利瑪	法語音譯，特別用於勃艮地葡萄酒。指經過明確界定、擁有特殊地質和氣候條件、同時綜合了傳統葡萄栽培技術等人類活動的特殊土壤地塊。
Clone	克隆	從單一株葡萄藤的組織再培育出的植物，具有相同的遺傳特性。
Clos	圍牆	法語，約與英語Enclosure同義，歷史上是指用石牆圍起來的葡萄園。
Cold Stabilization	冷穩定	將葡萄酒置於絕氧槽中並降低溫度，使酒石酸鹽析出結晶並沉澱，以去除酒中過多酒石酸的方法。
Colheita	單一年份	葡萄牙語，指單一年份的酒。
Corkage	開瓶費	餐廳對客人自帶葡萄酒收取的開瓶服務費。
Cru	等級	法語，指特定葡萄園的品質等級。但Cru在法國各產區的品質定義各不相同。
Decant	醒酒	嚴格說起來Decant是換瓶「除渣」，但同時酒汁也接觸氧氣而「醒酒」。
Deposit	沉澱	葡萄酒在瓶中陳年時產生的固體顆粒。紅酒白酒均有可能自然產生。見Sediment。
Dosage	加糖	氣泡酒製程之一，在最後裝瓶前添加糖與酒混合物以調整甜度的過程。
Eiswein	冰酒	葡萄在冰凍狀態下採收並在冰凍狀態下壓榨後發酵釀製的甜酒。是一種濃縮葡萄汁釀造甜酒的方式。
Elevage	培養	法語，指在裝瓶前葡萄酒的陳年過程。
En Primeur	葡萄酒期貨	常簡稱「期酒」，源自波爾多葡萄酒的交易方式，在葡萄酒尚在釀造階段未裝瓶前即進行預售的交易方式。
Enology	釀酒學	研究葡萄酒及其釀造過程的科學。
Estate	莊園	英語。指葡萄酒生產的地點，通常包括葡萄園和釀酒設施。
Ethyl Acetate	乙酸乙酯	葡萄酒中常見的一種化合物，適量存在可增添香蕉或蘋果果香，過量則帶來指甲油味。
Fermentation	發酵	酵母將葡萄汁中的糖轉化為酒精的過程。
Field Blend	田間混合	來自同一葡萄園的不同葡萄品種，同時採收並在同一批中混合釀造。
Filtration	過濾	去除葡萄酒中固態物的方法。

Fining	澄清	透過添加澄清劑來去除葡萄酒中不需要的成分，這些成分不能以過濾去除。
Flor	酒花	在葡萄酒陳釀過程中，酒液表面形成的酵母層。酵母層會隔絕氧氣、消耗酒中糖分與甘油，並產生乙醛。
Fortified Wine	加烈葡萄酒	添加烈酒以提高酒精度的葡萄酒，會因為添加烈性酒的時機不同而造成酒質不同。酒汁因酒精度提升而更能耐久儲存。
Free Run	自流汁	紅葡萄酒在槽中發酵後，固態物會浮在表面，這時在大槽下方就可洩出酒汁。因未壓榨而自然流出，故稱Free Run。參考Press Wine。
Green Harvest	疏果	在葡萄串初期發展階段即剪除，增益留下果實的最後品質。
Igneous Rock	火成岩	火山活動形成的岩石，是地球一切岩石的原質。花崗岩即屬火成岩。
Lieux-dit	冠名地	法語。特別用於勃艮地葡萄酒。這些小塊土地的名字通常象徵著地質特徵或歷史人文，常不具釀酒活動的意涵。
Maceration	浸漬	將葡萄皮、籽和果肉與葡萄汁長時間接觸，以提取顏色、單寧和風味。
Malolactic Fermentation/Malolactic Covertion/MLF/Malo	蘋果酸乳酸轉換	葡萄酒通過酒球菌將蘋果酸轉化成乳酸，會改變葡萄酒的pH值與口感。紅酒的必要製程，可穩定單寧與顏色。白酒則為輔助製程，目的主要為改善酸度的口感表現。
Microclimate	微氣候	葡萄園中一小片區域的特殊氣候條件，其指定區域可以小到一行葡萄藤。
Must	葡萄醪/酒醪	壓榨後尚未發酵的葡萄汁和果皮種籽的混合物。
Noble Rot/Botrytis	貴腐	酒標上出現時代表為貴腐甜酒。
Oak	橡木	用於製造酒桶的木材，有彈性，可防漏，並能予葡萄酒獨特的風味和香氣。常分成法國橡木與美國橡木，兩者基因不同，製成酒桶後帶出的風味也不同。
Oenology	葡萄酒學	研究葡萄酒及其釀造的科學。
Phylloxera	葡萄根瘤蚜	一種原產自美洲，但對歐洲釀酒葡萄是致命毀滅性的昆蟲，曾在19世紀摧毀了歐洲大部分葡萄園，現在已遍布全球葡萄園。無藥可治，葡萄只能以嫁接方式抵抗。
Press Wine	壓榨酒	葡萄酒在槽中發酵完畢並引流自流汁後，將剩下的酒渣再壓榨而得的葡萄酒。參考Free Run。

↑ 酒窖橡木桶。（圖片來源：Agne27, CC BY-SA 3.0）

Racking	換桶	將葡萄酒從一個容器中轉移到另一個容器中，同時去除沉澱物。
Residual Sugar	殘糖	在發酵過程中未轉化為酒精的糖分。酵母菌無法將葡萄汁的糖份完全消耗轉化，一般干型靜態酒的殘糖標準為4g/L以下，低於人類甜味感知的閾值。
Sediment	沉澱物	在瓶中或桶中陳年的葡萄酒中形成的固體沉澱。見Deposit。
Sulfites	亞硫酸鹽	食品工業中常見的防腐劑，葡萄酒通常使用二氧化硫製劑，目的為防止氧化和微生物污染。
Sur Lie	酒泥陳釀	法語。Lie是酒泥的意思，指死去的酵母。葡萄酒在陳釀過程中與酒泥保持接觸，酒泥分解後釋放出微量的糖與蛋白質，增加葡萄酒的風味或複雜度，以提高葡萄酒品質。
Terroir	風土	葡萄藤所有自然生長環境的總和，包括土壤類型、地形、地理位置、光照條件、降水量、晝夜溫差和微生物環境等一切影響葡萄酒風格的自然因素。
Véraison	轉色期	法語。葡萄在成熟過程中顏色變化的階段。
Vintage	年份	指葡萄收穫的年分。
Vinification	葡萄酒釀造	將葡萄轉化為葡萄酒的整個過程，包括發酵和陳釀。
Viticultrue	葡萄耕作	葡萄園的一切農耕活動
Yeast	酵母	用於發酵葡萄汁的微生物，主要為釀酒酵母Saccharomyces cerevisiae。能將糖轉化為酒精。
Yield	產量	指每單位田地的葡萄產量，通常以kg/ha 公斤/每公頃表示。但單位產量大小與葡萄酒品質無直接關聯。

【附錄2】葡萄酒品飲字彙表

（＊代表重要性，越多＊代表越重要）

Acetaldehyde	乙醛味	嗅覺用語，以酒花（Flor）釀造的葡萄酒一定會出現的「刺鼻」味道，最常以「瘀傷的蘋果味」形容。但老實說這個形容很不完整。
Acetic	醋酸味	嗅覺用語。微量時可視為酒香的某種複雜度，但不應刺鼻令人不舒服。酸酸味可能來自某些酵母的作用，也可能是酒中有醋酸菌在繁殖。
Acidity**	酸度	味覺（Palate）的基本組成，僅能用於味覺的描述使用，要加上量詞才算完整的說明：low – medium(-) – medium – medium(+) – high。將酒汁送入口腔深處顳顎關節部位，嚥下後感覺口水流出的多少。流口水是人類本能不可意志控制，評估更正確。
Aftertaste	餘味	味覺用語。餘味指的是在酒飲下後留在口中的主要香味，不是指味道持續的時間。
Alcohol**	酒精	味覺的基本組成，僅能用於味覺的描述使用。通常會加上強度：low – medium – high，但我習慣直接註記度數。
Aroma**	香氣	嗅覺（Nose）的基本組成之一，僅能用於嗅覺描述使用。指的是嗅覺感受中特定的風味，比如特定的水果、草本香味等。
Aromatic	芳香的	嗅覺用語。一款酒如果嗅覺上多香強力，特別是多果香，就會使用Aromatic形容。常用於香氣特徵強烈明顯的白葡萄酒。
Apperance***	外觀	色香味的「色」。觀察酒液在杯中的顏色（Color）、濃郁度（Intensity）、稠密感（Dense）、掛杯（Tears）等視覺資訊。
Approachable	平易近人的	品質用語。形容一款酒香氣明顯且無不適口感，易於享用。通常指強調果香的年輕酒款。
Astringent	微澀感	單寧感的一種，位於兩頰的輕微收縮感，不會過度強烈。
Attack	攻擊感	味覺用語，形容強勁香料味或是高酒精在口中產生的微微刺痛感。
Austere	嚴肅的／少香的	常指香味潔淨但不明顯，又可感受明顯的酸度或緊實單寧的酒，通常香氣不明顯但預設該酒款會因接觸空氣而展開香氣。

Balance**	平衡	品質用語。應該是葡萄酒中最重要的特質，也是所有釀酒師的最基本目標。對於品飲者而言卻是一款酒的最低品質要求。平衡通常來自兩種以上的特徵互相比較而得，比如酸度與酒體互比，單寧與酒精互比。
Body**	酒體	味覺的基本組成，僅能用於味覺的描述使用。與葡萄收穫時的糖含量正相關，也與酒精度正相關。通常會加上強度：light – medium(-) – medium – medium(+) – full。
Bone-dry	非常干（跟骨頭一樣「乾」）	味覺用語， 指完全沒有甜味的葡萄酒。不僅沒有甜味、而且也沒有甜味相關的甘油感與果香。最常用於形容Fino Sherry。
Botrytis	貴腐香	應專用於貴腐葡萄酒的用語。一種混合蜂蜜、橙皮果醬與綠茶味的高級香氣。
Bouquet	醇香	多半用於形容嗅覺的正向形容詞。指的是一款酒經過適當的熟陳所產生的諧和香氣，不會用於形容年輕或缺乏三級香氣（Tertiary）的酒款。
Brett	馬汗味	Brett是Brettanomyces的簡稱，一種非釀酒酵母，可以使紅酒帶有馬鞍或汗味，或更像濃郁的丁香味。適量時可視為某種香氣的複雜度，但過量會被視為缺陷。常常出現以天然酵母發酵的葡萄酒。
Broad	寬廣的	味覺用語。形容在口中感覺豐滿的葡萄酒。
Chalky	白堊味	歸類於礦物風味。可用於嗅覺也可用於味覺。嗅覺指的是新粉刷的牆壁味道，味覺指的是細粉狀的單寧感。
Chewy	有咬勁的	味覺用語。通常使用於酒體較龐大、新桶味較重、或單寧較強的酒款。
Clean**	乾淨的	嗅覺的基本組成之一，僅能用於嗅覺描述使用。消極指一款酒的嗅覺上無任何明顯的缺陷。積極指一款酒香氣清楚無雜味。
Clear**	清晰的	形容葡萄酒外觀（Apperance）的用語。表示無混濁或透光度良好。反義詞為霧濁的（Hazy）。
Closed	封閉的	可用於嗅覺也可用於味覺。指一款酒香氣不明顯，但似乎會發展出更多的香氣。
Cloying	肥膩	味覺用語。葡萄酒過甜且酸度不足而生膩的味覺感受。
Coarse	粗糙的	味覺用語。通常指單寧粗糙不適。

Complex/Complixity**	複雜的	葡萄酒品質用語。指一款酒有多元多重且易於辨識的風味，通常需要瓶中陳年才能達到。但複雜不等於整合或和諧。
Concentration**	濃度	葡萄酒品質用語。指一款酒風味和香氣的密度。通常指的是葡萄品質或成熟度在酒中展現的特質。
Corked/Cork Taint	軟木塞污染味	負面的品質用語也是負面嗅覺用語。指酒汁因軟木塞帶有黴菌導致酒質受損產生的不良味道，類似溼紙板、潮溼地下室、或是直接的黴臭味。常與TCA是同義語。（2,4,6-trichloroanisole/TCA/2,4,6三氯苯甲醚）
Crisp/Crispy	脆爽的	通常為味覺用語，形容明亮但不過多的酸度。
Delicate	細膩的	一款酒風味和結構精緻，輕盈但不失深度。
Depth	深度	品質用語。酒的風味與結構層次可以長時間延續。
Decent	莊重正式的	正面的品質用語。形容一款酒風味清楚且融合，彰顯品種或產區特徵又不過分張揚。
Developing**	發展中	嗅覺的總體判斷形容，僅能用於嗅覺描述使用。指一款酒正在發展三級香氣且尚未到達巔峰。
Developed**	發展完成	嗅覺的總體判斷形容，僅能用於嗅覺描述使用。指一款酒已發展三級香氣且到達巔峰。
Dry	干	味覺用語。含糖量低所以感受不到甜味。一般認為是殘糖量4gl/L以下的葡萄酒。參考Sweetness。
Elegant	優雅的	品質的正向形容詞。酒質輕盈明快，風味和結構細緻而平衡。
Finesse	精緻的	品質的正向形容詞。指葡萄酒結構和風味的精緻度。
Finish**	餘韻	味覺的基本組成，僅能用於味覺的描述使用，指餘味的持續時間，通常會加上強度：short – medium(-) – medium – medium(+) – long。但餘韻不一定是好的味道（不好的味道通常更持久）。
Firm	結實的	味覺用詞。一款酒的風味集中，單寧也可能明顯，但不至於過度。
Flinty	燧石味	指一款酒帶有燧石或礦物質風味。一般歸於一級香氣（Primary）的礦物風味（Mineral）。
Flat/Flabby	平淡疲乏的	一款酒失去果味或酸度不足，缺乏香氣或新鮮感。

Flavour**	風味/味道	味覺的基本組成，僅能用於味覺Palat的描述使用。通常會具體指出是什麼味道，並結合強度使用。
Forward	向前的	嗅覺相關用語，形容一款酒香氣可以立即被感知， 所以通常會具體指出是什麼香氣，或可使用Straightforward。
Fresh	新鮮的	通常指一款酒有明顯的新鮮水果感。
Fruity	水果味	葡萄酒的原料香氣，指的是各種水果的味道，偶爾可以用於形容成熟的蔬果味。葡萄酒失去果味也就失去其最重要的品質。
Grassy	草味的	新鮮綠草或剛割過草地的氣味。通常屬於一級香氣。
Green	青澀的	青生未成熟的水果味。
Harmony	和諧的	非常正向的品質形容詞，一款酒所有的優良品質合而為一又互相彰顯，人生難得幾回的至高神聖感受。
Harsh	粗糙的	通常用於味覺描述，常指一款酒喝下後感覺酒精灼熱不適。
Herbaceous	草本的	中性的形容詞。通常屬於一級香氣。指植物的綠葉氣味、草本味、生青味。
Herbal	香草植物味	嗅覺相關用語，形容一款酒有食用香草植物的味道，通常會加上專有名詞和薰衣草（Lavender）、歐芹（Parsley）、鼠尾草（Sage）等。
Hollow	空洞的	中段口感缺乏風味，感覺味道「消失」了。
Hot	灼熱的	酒精感過強，導致口腔及食道有灼熱不適感。
Inky	墨色的	用於形容那些水果味不多但單寧和酸度較重的葡萄酒。
Intensity**	強度	嗅覺與味覺的強烈程度。通常會加上強度：light – medium(-) – medium – medium(+) – pronounced。
Integration**	整合	品質用詞。各種風味和結構的和諧度。
Legs/Tears	酒淚	也稱為掛杯。指的是葡萄酒在玻璃杯內側流下的液體痕跡，因為酒精的物理性質，酒精越高的酒酒淚形狀越明顯。但酒精度高不見得是品質良好。
Length**	餘韻	品質用語。但常常與finish同義。
Lifted	飄揚的	通常用於嗅覺形容。指一款酒香氣頗高但不過分刺鼻。我個人會用於形容明顯的原料香氣。
Light	輕盈的	不一定是貶義；見Body。
Long	長的	餘韻持續的時間長，見Finish。

Mature	成熟的	已發展三級香氣但仍有明顯果味的葡萄酒。
Mercaptan	硫醇味	這是一個有爭議的嗅覺形容詞，因為硫醇相關化合物眾多，味道各不相同，且硫化氫及二氧化硫都有類似的味道。有些接觸空氣後就會揮發消散不影響酒質，比如硫磺溫泉味、水煮蛋或火柴味，此時不會視為品質缺陷；有些則不會因通風而消失，就會被視為品質不良。
Mid Palate	中段口感	味覺用語。大概可說是喝下葡萄酒後一段味道仍然明顯的時間，此時風味感知主要來自於鼻腔呼氣帶出的酒香，通常越明顯越好，反之則稱為空洞的（Hollow）。
Mineral	礦物味	形容葡萄酒中帶有石頭、金屬或化學衍生的香氣。一般歸於一級香氣。
Mouthfeel	口感	味覺用語。葡萄酒在口腔內的感覺，通常會再加以說明清楚如Refreshing或Cloying。
Mousey	老鼠味	一個理所當然的負面用語。
Noble Rot	貴腐	見 Botrytis。
Nose***	嗅覺	色香味的「香」。以鼻就杯「嗅聞」，接收氣味的強度Intensity與特徵Aromas，以及發展情況Youthful/Developing/Developed。
Oaky	橡木味	經新橡木桶陳釀、具有明顯橡木味的葡萄酒。
Old	老化的	已過了巔峰期失去果味的葡萄酒。
Oxidized	氧化的	暴露於過多氧氣中的葡萄酒，失去水果和新鮮感，出現像是紹興酒的味道。或可用Maderized形容。
Palate***	口感	色香味的「味」。葡萄酒在舌頭味蕾與口腔感受的總體描述。
Peppery	（黑）胡椒味	形容紅葡萄酒中的胡椒氣味，通常像是現磨的黑胡椒香味。
Petillant	微發泡感	法語的味覺用詞。形容一款酒有輕微泡騰感，但又不是正式的氣泡酒感。現代通常來自酒廠裝瓶時添入二氧化碳保鮮而導致。這個字只使用於靜態酒的描述。
Petrichor	初雨的香氣	嗅覺形容詞，雨水落在乾燥土壤上時產生的氣味、下雨時泥土的芳香。一般被歸於一級香氣的礦物風味。
Polished	有光澤的	品質的正向用語。很難用中文解釋飲料為何喝起來有「光澤感」，你說這是一個假掰的形容詞我也沒有意見。
Primary**	一級香氣 一類香氣／原料香氣	葡萄酒最重要的香氣類型，指來自水果本身的風味。新鮮的果味、花香、新鮮草葉、香草植物類等都歸屬此類。礦物風味也屬此類。

Pure/Pourity	純淨的	通常指一款酒完整呈現出該品種的標準風味，且不受其他因素干擾。
Residual Sugar/RS	殘糖	葡萄酒中未發酵的糖。一般干型不甜的葡萄酒殘糖量約為4g/L以內。
Restrained	節制的	形容酒的特定香氣明確但不過分，我比較常用在有使用新橡木桶陳釀的酒款。
Rich	豐富的	品質的正向形容詞。風味濃烈且口感令人愉悅的葡萄酒。
RefreshRefreshing	清新的	味覺形容詞，常用來形容明快新鮮的酸度。
Round/Roundness	圓潤的	味覺形容詞。形容酒喝下後在口腔留下滑潤包覆的感覺。常與Body或Texture聯用。
Salty/Saltness/Salinity	鹹的	味覺用語。一個尚在研究中的味覺感受，人類的確可以從酒中感知到鹹味，可能因為葡萄在靠近海岸的地方種植，也可能是其他因素。這個味道通常歸屬於礦物風味。
Savoury	鮮味	味覺用語。形容帶有鹹味或類似熟成肉品的風味。
Secondary**	二級香氣／二類香氣／釀造香氣	葡萄酒於釀造階段形成的香氣類型。可來自於橡木桶、酒精發酵後的酵母自溶、蘋果酸乳酸轉換後的發酵乳風味等。
Short	短的	形容酒款餘韻的長度不足。見 Finish。
Silky	絲滑的	味覺的正向形容詞。特指單寧的細膩滑順口感。
Solid	堅實的	品質用語，通常形容紅葡萄酒口感緊實、香氣相對較不明顯。參考Austere。
Sophisticated	複雜且細膩的	品質的正向形容詞。通常指一款精心釀造，風味的細膩複雜得以整合，促動飲者的聯想，具有「畫面感」的酒。
Spicy	辛香味	帶有香料氣味的葡萄酒。可以源自葡萄本身也可能來自新橡木桶，可以使用Pungent Spicy或Sweet Spicy予以更精確的形容。
Steely	不鏽鋼味	通常用於嗅覺的形容，歸屬於礦物風味。
Sticky	黏稠的	具有黏性口感的葡萄酒，晃杯時酒液感覺濃稠。通常為甜酒。
Stony/Wet Stone	石頭味／溼石味	通常用於嗅覺的形容，歸屬於礦物風味。
Strucetue/Structured	結構／格局	品質的正向用語。指葡萄酒的單寧與酸度良好整合，並同時擁有其他的正面特徵或品質。
Sturdy	結實的	用於口感與品質的形容詞。指結構強壯的葡萄酒。
Subtle	微妙的	品質的正向形容詞。風味和香氣細膩的葡萄酒。與Sophisticated有點像，但沒有太強烈的畫面感。

Supple	柔順的	味覺形容詞，特特指口感中單寧和酸度和諧一致的葡萄酒。
Sweet	甜的	味覺形容詞。甜屬味覺不屬於嗅覺，指含糖量高的葡萄酒口感。
Sweetness**	甜度	味覺的基本組成，僅能用於味覺的描述使用，但通常不會直接用這個詞，而是使用dry – off-dry – medium-dry – medium-sweet – sweet等詞說明甜度。
Tannic	單寧重的	單寧收斂感強烈的葡萄酒。連你的牙齦都覺得澀時大概就是了。
Tannin	單寧	味覺的基本組成，僅能用於味覺的描述使用，單寧是一種酚類物質，多半來自於葡萄皮賦予酒的結構與收斂的觸覺口感，所以單寧通常使用於紅葡萄酒。通常會加上強度：ow – medium(-) – medium – medium(+) – high，也會加上形容詞如ripe, soft, smooth, unripe, green, coarse, stalky, chalky, fine-grained
Tart	酸的	味覺用語，指一款酒的酸度偏高。
Tertiary**	三級香氣／三類香氣/陳年香氣	葡萄酒於陳年，特別是出廠後的瓶陳階段形成的香氣類型。由一級香氣、二級香氣、及酒中其他化學物質經時而轉化的風味，緩慢的氧化是主要成因。常見的風味有Honey（特別是白酒陳年後）、leather, earth, mushroom, meat, tobacco, wet leaves, forest floor, caramel。
Texture**	質地	味覺用語。葡萄酒在口腔內的觸覺經驗。通常會再上一些更具體的形容詞如oily, creamy, austere, luscious。
Thin	稀薄的	品質的負面用語，指缺乏果味和酒感的葡萄酒。
Tired/Overpeak	老化而風味下降	嗅覺的總體判斷形容，指一款酒過度陳化而失去果味。
Typical	典型的	品質的正向用語。符合該葡萄酒產區或品種特徵的風味。
Unctuous	油滑的	味覺用語。口感油膩且滑順的葡萄酒。
Vanilla	香草味	嗅覺描述用語。通常與新橡木桶相關。
Vegetal	蔬菜味	葡萄酒中帶有蔬菜相關的香氣。通常歸屬於一級香氣。
Vivid	鮮明的	品質的正向用語。通常形容酸度清晰鮮明，似新鮮水果果汁。
Warm	溫暖的	味覺用語。形容酒精在口腔與食道的溫熱感。
Well-defined	定義清晰的	品質的正向用語。指葡萄酒清楚展現品種的標誌風味或產區的標準風味。

Woody	腐木味	嗅覺的負面形容詞，指酒中有劣質或儲存不當的木材氣味。
Yeasty	酵母味	由死去而存留在酒中的釀酒酵母轉化而得的風味，亦可用biscuit, pastry, bread, toasted bread, bread dough, cheese, yogurt等詞形容。
Youthful**	年輕的	嗅覺的總體判斷形容，僅能用於嗅覺描述使用。指新生產的葡萄酒以果味為主的香氣。通常若判斷有使用新橡木桶時就不會用這個字而使用Developing。

↑ 酒窖橡木桶。（圖片來源：Olivier Lemoine, CC BY-SA 4.0）

圖片來源與出處

本書部分圖片為遵守CC公眾授權下取得，包括下列：

圖片來源包含：

· Wiki Commons https://commons.wikimedia.org/wiki/Main_Page
· Pixabay https://pixabay.com/
· PICRYL https://picryl.com/

圖片提供廠商：

· 奔富 Penfolds
· 莎祿有限公司 Salud Food & Wine Ltd.
· 星坊酒業 Sergio Valente
· 富邑葡萄酒集團 Treasury Wine Estates

版權聲明：